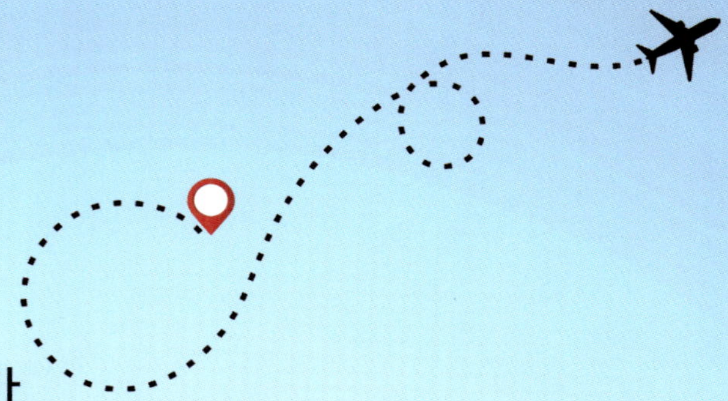

PBL을 활용한

항공기 구조 및 객실안전

| 김지아 홍윤희 공저 |

양 성 원

머리말

항공기 객실승무원의 주된 업무는 크게 대고객 서비스 제공 및 안전업무 수행이라고 할 수 있다.

그 중에서도 안전업무는 승객 및 승무원의 생명과 직결되어 있는 문제이기 때문에 모든 항공사에서는 무엇보다 안전을 최우선시 하고 있으며, 이 안전업무를 모든 업무의 바탕에 두고 있다.

때문에 객실 안전업무에 대한 지식 및 실무 능력, 그리고 비상상황 등에 대한 대처능력은 객실승무원으로서 갖춰야 할 중요한 업무 능력으로 평가받는다.

본서는 항공기 객실승무원이 되기를 희망하는 학생들이 객실승무원으로서 갖춰야 할 중요한 업무 능력인 안전업무에 대한 지식 및 실무능력을 갖추는 데 도움이 될 수 있도록 구성하였으며, 한 학기 수업과정에 맞춰 총 13장으로 나누어 편성하였다.

먼저 1장에서 3장까지는 항공기의 개념 및 역사, 항공기 구조 등에 대해 설명하였으며, 4장에서 6장까지는 항공기 객실 내에 탑재되어 있는 각종 비상장비들에 대해 자세히 소개하였다. 이어 7장과 8장에서는 각각 기내 일상 안전업무와 비상 안전업무에 대해 설명하였으며, 9장에서 13장까지는 비상착륙 및 착수에 대한 내용을 PBL 교수법을 활용하여 수업할 수 있도록 구성하였다.

모쪼록 본서가 항공기 객실승무원이 되기를 희망하는 학생들에게 항공 안전 지식 및 마인드를 함양하는 데 있어 실질적인 도움이 되기를 바란다. 그리고 이 책이 출판하기까지 편집에서 교정까지 작업을 맡아 준 양성원 사장님 이하 직원 여러분들께도 감사의 말씀을 전한다.

2021년 9월

저자 일동

차 례

01
Chapter

항공기 개요

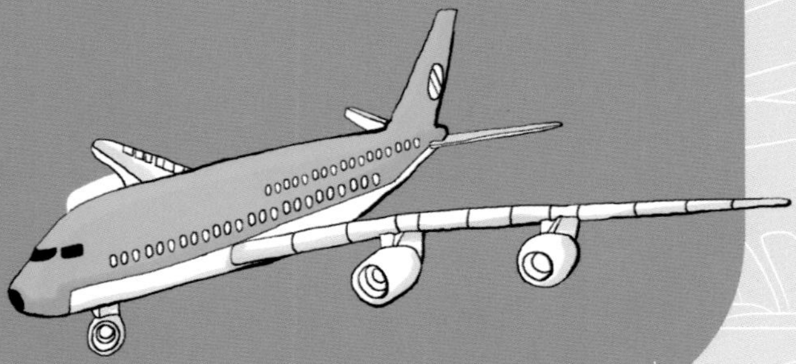

Chapter

01 항공기 개요

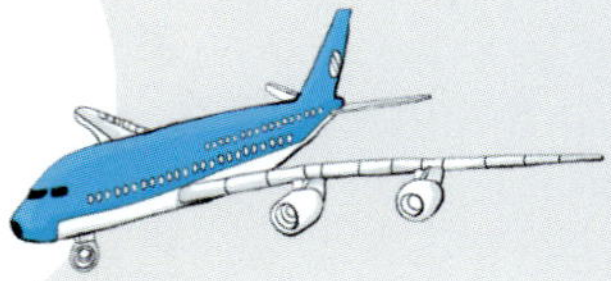

학습목표

1. 항공기의 개념을 이해할 수 있다.
2. 항공기의 역사를 이해할 수 있다.
3. 항공기의 비행원리를 설명할 수 있다.

1절 항공기의 개념

1. 항공기의 정의

국제민간항공기구(ICAO)에서는 항공기(Aircraft)란 '지구 표면에 대한 공기의 반작용 외에 대기에 대한 반작용으로, 대기 내에서 양력을 끌어내는 기기'라고 정의하고 있으며, 우리나라 「항공법」 제2조 제1항에서는 '항공기라 함은 민간 항공에 사용하는 비행기, 비행선, 활공기, 회전익 항공기, 기타 대통령령이 정하는 것으로써 항공에 사용할 수 있는 기기'라고 정의하고 있다.

이를 토대로 정리해 보면 비행기나 헬리콥터, 글라이더, 기구 등은 항공기라 할 수 있지만, 비행원리를 이용한 미사일이나 우주 로켓과 같은 비행체는 항공기에 포함되지 않음을 알 수 있다.

또한 많은 사람들이 항공기(Aircraft)와 비행기(Airplane)를 혼용하여 사용하곤 하는데, 엄밀히 말해 항공기(Aircraft)는 비행기(Airplane)보다 광의(廣義)의 의미를 가지고 있다.

비행기(Airplane)는 통상 '동력을 가진 고정익 항공기'를 의미하지만 항공기(Aircraft)는 이러한 비행기(Airplane)를 포함하여 헬리콥터와 글라이더, 기구, 비행선 등 공중을 날 수 있는 모든 비행체를 포괄하여 의미한다.

즉 항공기(Aircraft)는 대기권 내에서 활동하는 비행체 전체를 이르는 용어이며, 비행기(Airplane)는 항공기 중 고정된 날개를 가지고 있으며, 동력이 있어 스스로 상승할 수 있는 비행체만을 의미한다고 할 수 있다.

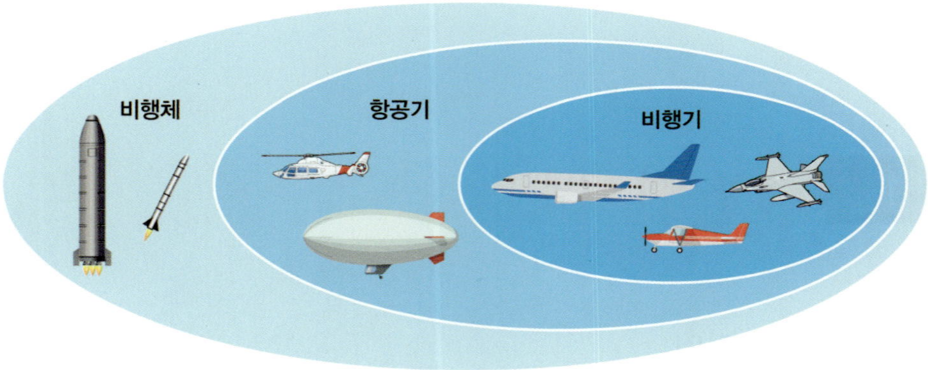

2. 항공기 분류 체계

항공기는 공기와의 비중에 따라, 즉 공기보다 가벼우냐 무거우냐에 따라 크게 경항공기(Lighter-than-air aircraft)와 중항공기(Heavier-than-air aircraft)로 분류되며,

중항공기(Heavier-than-air aircraft)는 다시 동력의 유무에 따라 활공기와 비행기로 나뉜다.

그 외에도 항공기는 용도, 크기, 엔진 형태, 날개 모양 등 여러 기준에 따라 다양하게 분류할 수 있는데, 그 내용은 '제3장 항공기 분류'에서 좀 더 자세히 다루어 보도록 하겠다.

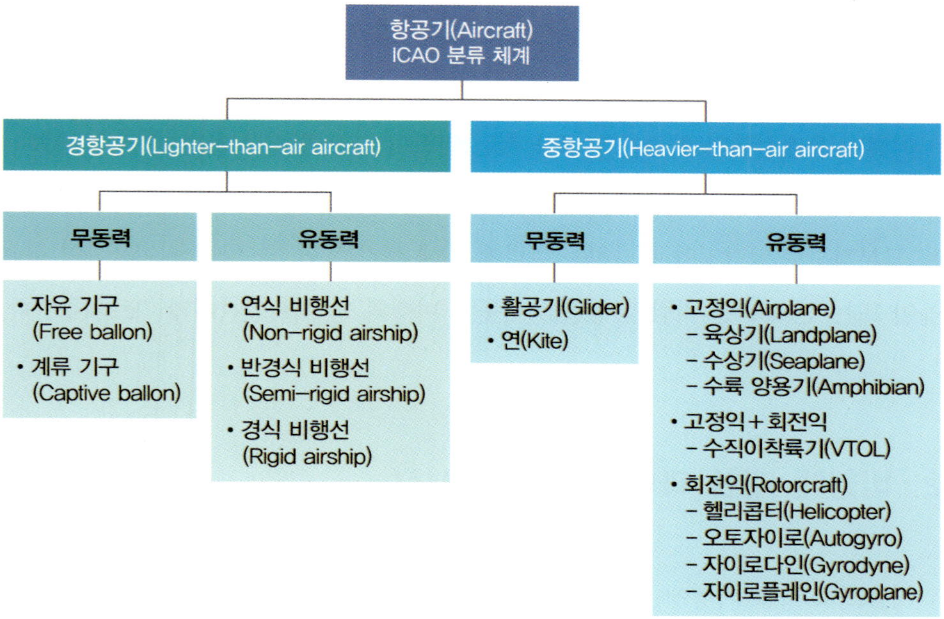

항공기 분류 체계

- ICAO(국제민간항공기구, International Civil Aviation Organization)
  : Aircraft 〉 Heavier-than-air aircraft 〉 Power-driver 〉 Aeroplane
- FAA(미국연방항공국, Federal Aviation Administration)
  : Aircraft 〉 Airplane 〉 Small aeroplane

2절 항공의 역사

1. 공상 비행의 시작

인간은 아주 먼 옛날부터 새처럼 하늘을 날고 싶은 욕망을 가지고 있었으며, 이러한 인간의 염원은 고대 그리스나 로마 신화뿐만 아니라 고대 인도나 아시리아의 여러 전설 속에도 나타나 있다.

이렇게 오래전부터 하늘을 날고자 했던 인간이 가장 먼저 사용한 수단은 연(Kite)이었다. 연 비행(Kite Flight)은 줄이 땅과 연결되어 있어 새처럼 하늘을 나는 비행과는 근본적으로 달랐지만 부딪히는 바람에 의해 생기는 힘, 즉 양력을 이용하여 하늘 높이 뜨는 연(Kite)은 바람의 성질을 비롯해 비행의 원리를 인간에게 가르쳐주었다.

2. 비행에 대한 과학적 접근의 시작

처음으로 하늘 비행에 과학적인 접근이 시도된 것은 15세기 르네상스 시대였다. 이탈리아가 낳은 천재적인 과학자이자 예술가이며, 의학자, 건축가이면서 또한 발명가이기도 했던 레오나르도 다 빈치(Leonardo da Vinci, 1452~1519)는 조인(Bird-man)들의 타워 점핑(Tower-Jumping: 새의 날개를 모방하여 만든 인공날개를 몸에 달고 높은 곳에서 뛰어 내리면서 날개를 흔들어 하늘을 비행하는 것)을 보고 인력비행에 관심을 갖게 된다.

그는 새의 비행원리를 관찰하여 과학적으로 분석하였고, 이를 통해 1485년 처음으로 '인간도 인공의 큰 날개를 이용하여 공기의 저항보다 큰 힘을 만들어 낼 수 있다면, 그 힘으로 새처럼 날 수 있다.'고 발표하였다. 또한, 공중으로 뜨는 힘과

공기의 저항에 대해 연구한 결과를 토대로 날개가 달린 최초의 비행기계라 할 수 있는 '날개치기식 비행장치'와 나사의 원리를 이용하여 수직으로 비행하는 '나사형 헬리콥터 비행장치'를 구상하여 스케치로 남기기도 하였다. 레오나르도 다 빈치(Leonardo da Vinci)의 이러한 구상들은 당시로써는 매우 앞선 연구였으나 신의 영역에 인간이 발을 들여놓는 것 자체가 신을 모독하는 큰 죄악으로 여겨졌던 당시 종교적 시대 상황에 따라 그의 이러한 연구들은 스케치로만 남겨졌을 뿐 실질적으로 실행되지는 않았다. 비록 레오나르도 다 빈치(Leonardo da Vinci)의 연구와 구상들은 항공기의 발달에 아무런 기여도 하지 못한 채 끝나버렸지만 오랜 세월 하늘을 날고 싶어 한 인간의 꿈을 '공상의 세계'에서 과학적인 '기술의 세계'로 한 단계 진전시켰다는데 큰 의미를 가진다.

[레오나르도 다 빈치]

[레오나르도 다 빈치의 새(Bird) 연구 노트]

3. 기구 비행의 시작

이전 연구들이 새가 하늘을 나는 원리를 단순히 흉내 낸 것에 그쳤다면 신의 영역으로 여겨졌던 하늘에 인간이 처음으로 발을 들여 놓은 것은 18세기 말부터였다.

모닥불의 뜨거운 공기가 가벼운 물체를 위로 뜨게 하는 것을 보고 아이디어를 떠올린 프랑스의 몽골피에(Montgolfier) 형제에 의해 1783년 '레비이용 호'라는 이름의 최초의 열기구가 발명되었고, 이 열기구에 두 명을 태우고 900m 높이까지 올라가 25분 동안 파리 상공을 비행함으로써 최초의 유인 비행을 성공시켰다.

[몽골피에(Montgolfier) 형제의 열기구]

그러나 이러한 열기구는 바람이 불지 않으면 원하는 곳으로 갈 수 없었기 때문에 실용적이지 못했다. 영국의 과학자였던 조지 케일리 경(Sir George Cayley, 1773~1854)은 날개에 대한 연구에 몰두한 결과 1799년 처음으로 고정된 날개의 비행기를 생각해 냈으며, 수많은 시행착오 끝에 1804년 손으로 던져 날리는 글라이더를 만들어 내는 데 성공하였다. 이 글라이더는 사람을 태운 채 계곡 하나를 건널 수 있을 정도로 오랫동안 날 수 있었고, 현대의 항공기와 유사한 형태를 갖춘 첫 번째 비행기로 평가받는다. 조지 케일리 경(Sir George Cayley)의 모형 글라이더는 양력을 위한 고정된 날개, 추력을 위해 날개 아래에 설치된 추진시스템(flappers), 그리고 제어를 위해 움직일 수 있는 꼬리날개를 갖고 있었다. 그는 비행에 필요한 세 가지 기본 요소가 양력과 추력 그리고 제어장치라는 항공기의 가장 근본적인 개념을 일찌감치 파악하고 있었으며, 이를 실험을 통해 실현시켰다.

이런 공로를 인정받아 조지 케일리 경(Sir George Cayley)은 '항공의 아버지(Father of aviation)'라 불리게 되었고, 오늘날까지 최초의 진정한 항공 연구자이자 비행의 기본 원리와 힘을 이해한 최초의 사람으로 평가받고 있다.

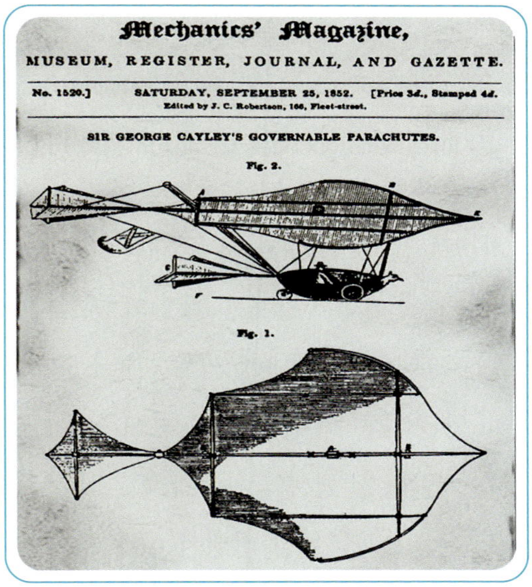
Mechanics' Magazine,
MUSEUM, REGISTER, JOURNAL, AND GAZETTE.
No. 1520.] SATURDAY, SEPTEMBER 25, 1852. [Price 3d., Stamped 4d.
Edited by J. C. Robertson, 166, Fleet-street.
SIR GEORGE CAYLEY'S GOVERNABLE PARACHUTES.
Fig. 2.
Fig. 1.

[조지 케일리(George Cayley)의 글라이더 모형]

1852년 프랑스의 발명가였던 앙리 지파르(Henri Jacques Giffard)는 공기저항을 줄이기 위해 비행체를 기구처럼 둥글게 만들지 않고 유선형으로 만든 후 그 속에 석탄 가스를 넣어 가벼운 증기기관 비행선을 개발하였다.

길이 44m, 직경 12m의 이 비행선은 그물로 덮은 럭비공 모양의 비행체 밑에 긴 나무 막대기를 매달았고, 무게 160kg에 3마력을 낼 수 있는 증기 엔진과 4m의 프로펠러, 그리고 사람이 탈 수 있는 곤도라를 달았는데, 이 비행선은 동력을 이용하여 조종하면서 하늘을 비행한 최초의 비행선이었다.

[앙리 지파르(Henri Jacques Giffard)의 동력 비행선]

그 후 1900년에는 하늘로 뜰 것 같지 않은 거대한 비행 장치를 만들고 있다고 하여 사람들로부터 '바보 백작'이라고 불렸던 독일의 페르디난트 폰 체펠린 백작(Graf Ferdinand von Zeppelin, 1838~1917)에 의해 비로소 용적과 실용 성능을 갖춘 길이 128m, 직경 11.7m의 거대한 유선형의 경식 비행선 LZ-1호가 개발되었다.

거대한 경식 비행선을 개발한 '비행선의 아버지' 페르디난트 폰 체펠린 백작(Graf Ferdinand von Zeppelin)은 1909년 '독일 비행선 여행 주식회사'를 세웠고 이것은 항공 운송수단의 효시가 되었으나 제1차 세계대전이 일어나면서 이 비행선들은 대부분 군용으로 쓰이게 되었다.

[체펠린(Ferdinand von Zeppelin)의 경식 비행선 'LZ-1']

4. 동력 비행의 시작

인류 최초의 유인 동력비행은 미국의 윌버 라이트(Wilbur Wright, 1867~1912)와 오빌 라이트(Orville Wright, 1871~1948) 형제에 의해 1903년에 성공하였다. 원래 자전거를 제작하고 수리하는 일을 하던 라이트 형제는 독일의 오토 릴리엔탈이라는 기술자가 자신이 만든 글라이더를 타다가 추락해 사망한 사건을 접한 것을 계기로 본격적인 비행기 발명에 도전하게 되었고, 1903년 12월 17일 드디어 그들이 만든 가솔린 엔진을 장착한 동력 비행기 플라이어 1호기(Flyer 1)는 미국 노스캐롤라이나 주의 키티호크라는 섬에서 3m 높이로 12초 동안 36m를 비행하는 데 성공하였다.

그러나 이날 라이트 형제(Wilbur and Orville Wright)는 보안상 기자들을 초청하지 않았고, 이후 고향에 돌아와서도 기자들에게 동력비행에 성공했다는 말만 할뿐 플라이어 1호기(Flyer 1)의 구조와 조종기술에 대해서는 일체 언급하지 않았다. 이 때문에 이들의 동력비행 성공은 당시 항공분야에서 앞서 있던 유럽을 제치고 미국이 최초로 하늘을 정복한 역사적인 사건이었음에도 불구하고 크게 기사화되지 않았다.

그러나 이후 꾸준한 연구와 200회에 가까운 풍동실험, 그리고 1,000번이 넘는 활공실험 끝에, 1908년 8월 8일 드디어 윌버 라이트(Wilbur Wright)는 프랑스 북서부 르망에서 최초의 실용적인 비행기를 공개하였다. 비록 이 비행기의 첫 공개 시험비행은 1분 45초 동안 체공하는 데 그쳤지만 이는 본격적인 현대 항공역사의 시작이었다는 점에서 큰 의미를 가진다.

[라이트 형제(Wilbur and Orville Wright)]

[라이트 형제(Wilbur and Orville Wright)의 'Flyer 1']

1908년 라이트 형제(Wilbur and Orville Wright)가 유럽 각지를 순회하면서 대중 앞에서 시범 비행을 선보인 이후 항공기 산업은 기하급수적으로 성장하였다. 프랑스의 루이 블레리오(Louis Blériot, 1872~1936)는 근대 항공기의 원형이라 할 수 있는 단엽기 개발에 성공하였고, 1909년 복엽기에 비해 크기가 작아 가볍고 28마력의 기관을 장착하여 성능이 우수했던 단엽기 '블레리오 XI'을 자신이 직접 조종하여 프랑스 북동부 칼레(Calais)에서 영국 남동부 도버(Dover)까지 영불해협(도버해협, 또는 칼레해협)을 횡단하였다.

한편, 1910년과 1914년 사이 미국과 다양한 유럽 국가에서는 자국 고유의 비행기를 제작하기 위해 많은 시험비행을 수행하였고, 라이트 형제(Wilbur and Orville Wright)의 동력비행을 따라 잡기 위해 노력한 결과 결국 라이트 형제(Wilbur and Orville Wright)의 비행능력을 능가하게 되었다. 원시적인 추진식 항공기의 형상은 상자 연(箱子鳶)과 같은 모양이었지만 이후 점차 진화하여 유선형의 단엽기 형상을 갖추게 되었고, 이러한 단엽기는 속도와 항속시간 등 성능 면에서 빠르게 향상, 발전되었다.

5. 항공수송의 시작

20세기 초반 전 세계는 제1차 세계대전(1914~1918)과 제2차 세계대전(1939~1945)이라는 대규모의 전쟁을 겪게 되는데 수많은 사람들이 희생된 이 두 번의 전쟁으로 인해 항공 산업은 급속도로 발전하게 된다.

더 뛰어난 무기를 만들기 위해 각국은 서로 경쟁하듯 무기 개발에 뛰어들었고 이로 인해 과학기술은 빠르게 발전하게 되었으며, 그 과정에서 항공기 역시 더욱 뛰어난 성능을 갖추게 되었다.

초기 비행기는 적군의 동정을 살피는 정찰기나 아군끼리 연락을 취하는 연락기로 쓰였으나 제1차 세계대전을 거치면서 단순히 정찰과 관측, 또는 연락용 비행기에서 공격과 수비, 양 측면에 사용할 수 있는 무기, 다시 말해 적군에게 직접 공격을 가할 수 있는 전투기로 변모하였다. 전쟁이 본격화된 1915년 후반부터 항공기는 전투기, 정찰기, 폭격기 등 용도에 따라 여러 가지 형태로 개발·설계되었으며, 성능도 크게 향상되어 조종이 쉬워졌을 뿐만 아니라 속도도 더 빨라졌고, 더 많은 폭탄을 싣고 더 멀리 비행할 수 있게 되었다.

독일의 엔지니어이자 발명가였던 후고 융커스(Hugo Junkers)는 1900년 후반에 전체를 모두 금속으로 만든 단엽기에 대한 특허를 출원하였고, 제1차 세계대전 중인 1915년에 세계 최초의 전금속제 항공기로 평가받는 '융커스 J-1'의 비행을 성공시켰다. 이어 1923년에는 항공 사상 최초로 가벼움과 견고함을 함께 가지고 있는 양철물결 모양의 두랄루민(Duralumin) 판으로 기체 전체를 입힌 전금속제 단발 여객기 융커스 F-13을 개발하였다.

1920년대 후반 항공기 진화에 있어서 가장 혁신적인 사건은 엔진에 카울링(cowling, 엔진덮개)을 장착하고 단엽기 형상을 갖춘 것이었는데, 이러한 혁신적 발전을 보여주는 대표적인 항공기가 바로 1935년 첫 비행을 한 미국 맥도넬 더글러스(McDonnell Douglas) 사의 DC-3 였다. 획기적인 항공기로 평가 받은 DC-3는 금속제 단엽기로 항속거리가 2,406m이고 21~28명의 승객을 태우고 시속 309km로 순항할 수 있는 상용 수송기였다. DC-3는 1936년 7월 미국 시카고에서 뉴욕까지 처음으로 비행한 후 제2차 세계대전이 시작된 1939년까지 전 세계 수송기의 대부분을 차지하였다.

[금속제 단엽기 'DC-3']

1930년 영국의 공군이었던 프랭크 휘틀(Frank Whittle, 1907~1996)은 세계 최초로 실용적인 제트엔진을 발명하였고, 1932년에는 이에 대한 특허를 획득하였다. 종전의 왕복기관으로는 항공기의 성능을 향상시키는 데 한계가 있었는데, 이 제트엔진의 개발로 혁명적인 항공기 진화가 이뤄진다. 이러한 제트추진 항공기의 대표적인 기종이 미국 노스 아메리칸(North American)사의 F-86 전투기(Sabre, 세이버)다.

제2차 세계대전 후 항공 여행이 대폭 증가함에 따라 군용기는 동체를 개조해 민간 수송기로 전환되었고 항공 산업은 수요에 맞춰 그 이후로도 지속적으로 발전하게 된다.

6. 제트엔진 시대의 시작

제2차 세계대전 이후, 영국의 드 하빌랜드사(DH. Coparation)는 비밀리에 제트 여객기 개발에 착수하였고, 1949년 드디어 세계 최초의 실용 제트엔진 여객기인 코멧(Comet)이 등장한다. 기체 대형화와 장거리 비행의 꿈을 실용화시킨 코멧

(Comet)은 1952년 5월 영국해외항공(British Overseas Airways, 영국항공회사의 전신)이라는 이름을 달고 런던-요하네스버그 간 정기항로에 취항하며 첫 상업운항을 시작하였다. 그러나 코멧(Comet)은 동체가 갑작스럽게 공중에서 분해되는 등의 큰 사고가 잇따르면서 감항 인증서(안전하게 비행할 수 있다는 인증)가 취소되었고, 이로 인해 전 세계에서 코멧(Comet)의 비행은 전면 금지되었다.

[세계 최초의 제트엔진 여객기 '코멧(Comet')]

미국의 보잉(Boeing)사는 1957년 B707 여객기를 개발하였다. 1958년 팬암(PAN AM) 항공사가 이 B707 항공기를 이용하여 뉴욕-파리 구간의 운항을 시작함으로써 민간 항공의 제트시대가 개막되었고, 오늘날과 같은 항공여행의 길이 열렸다.

1966년에는 세계 최대 규모의 B747 점보(jumbo) 여객기의 개발이 추진되었다. 1969년 12월 미국 시애틀-뉴욕 간 장거리 시험 비행의 성공을 시작으로 1970년 1월 미국의 팬암(PAN AM) 항공사가 처음으로 B747 여객기를 도입하고 운항을 개시하면서 드디어 항공기의 대량 수송과 항공여행의 대중화를 가능하게 한 점보 여객기의 시대가 시작되게 된다.

같은 해 초음속 제트여객기인 콩코드(Concorde)가 등장하게 되는데 초음속 제트

여객기(SuperSonic Transport, SST)는 1950년대 말부터 영국과 프랑스를 중심으로 개발이 착수되었지만, 1969년에야 비로소 첫 비행을 수행할 수 있었다. 그러나 많은 기대에도 불구하고 콩코드(Concorde) 여객기는 소음과 대기오염 등의 여러 문제점들을 노출하였고 적은 좌석수로 인해 항공사에 이익도 창출하지 못해 2003년 결국 운항을 중단하고 역사 속으로 사라지게 되었다.

[초음속 제트 여객기 '콩코드(Concorde)']

1970년에는 미국 맥도넬 더글라스(McDonnell Douglas)사의 DC-10, 1972년에는 유럽 에어버스(Airbus)사의 A300 여객기의 개발, 운항이 시작되었으며, 이후 1980년대에 들어서는 항공여행의 대중화와 대량 고속운송체제의 확립으로 경제성과 효율성을 추구하는 형태의 신기종 개발이 지속적으로 추진되었다. 에어버스(Airbus)사는 1991년에 A340 여객기, 보잉(Boeing)사는 1995년에 B777 여객기의 개발, 운항을 시작하였다.

7. 항공기 초대형화 · 초고속화의 시작

2000년도에 들어서면서 항공기는 국제 협력 및 공동개발 생산 등으로 초대형화와 초고속화가 더욱 심화되었다.

2005년 4월 첫 시험비행을 성공적으로 마치고 2007년 10월 싱가포르항공이 세계 최초로 도입한 에어버스(Airbus)사의 초대형 여객기 A380은 최대 550명까지 탑승할 수 있어 'Super Jumbo'라고 불리기도 한다. 또한 현존하는 여객기 중 객실 소음이 가장 적고 연료 효율성은 가장 높으며, 고객들이 가장 편리하게 사용할 수 있도록 설계되었다는 평가를 받고 있어 '꿈의 비행기', '하늘을 나는 호텔'이라고 불리기도 한다. 그러나 안타깝게도 A380 여객기는 판매부진으로 인해 2021년부터 생산이 중단된다고 발표되었다.

2009년 12월 첫 시험비행을 마친 후 2011년 일본 ANA 항공에 의해 최초로 도입된 보잉(Boeing)사의 최첨단 중형 여객기인 B787 드림라이너(Dreamliner)는 높은 천장의 객실 공간과 넓고 커진 객실 창문, 그리고 쾌적한 기내 습도 등 기존 항공기들보다 편리하게 사용할 수 있도록 설계되었으며, 소음을 최소화하고 이산화탄소 배출량을 낮춰 '환경 친화적인 비행기(Environment-Friendly Aircraft)'로 인정받고 있다.

[에어버스(Airbus)사의 'A380' 항공기]

[보잉(Boeing)사의 'B787' 항공기]

3절 항공기의 비행원리

1. 항공기의 부양 및 비행 원리

지상에 있던 항공기가 엔진의 힘으로 빠른 속도로 앞으로 나아가면 항공기 앞에 있던 공기들이 항공기 아래쪽으로 밀려나게 된다. 이때 날개 윗면의 공기 흐름은 아랫면의 공기 흐름보다 빠르게 되는데 이처럼 항공기 윗면의 공기의 흐름이 빨라지면 압력은 낮아지게 되고 아랫면의 공기 흐름은 느려 압력이 높아진다.

즉 날개 아랫면에는 공기의 압력보다 높은 압력인 '정압'이 작용하고 반대로 날개 윗면에서 공기의 압력보다 낮은 압력, 즉 압력이 마이너스인 상태인 '부압'이 작용하게 된다. 이처럼 아랫면의 압력이 윗면보다 높으면 큰 쪽에서 작은 쪽으로 작용하는 압력으로 인해 위쪽으로 압력이 작용하여 항공기를 위로 뜨게 하는 힘인 '양력(Lift)'이 발생한다.

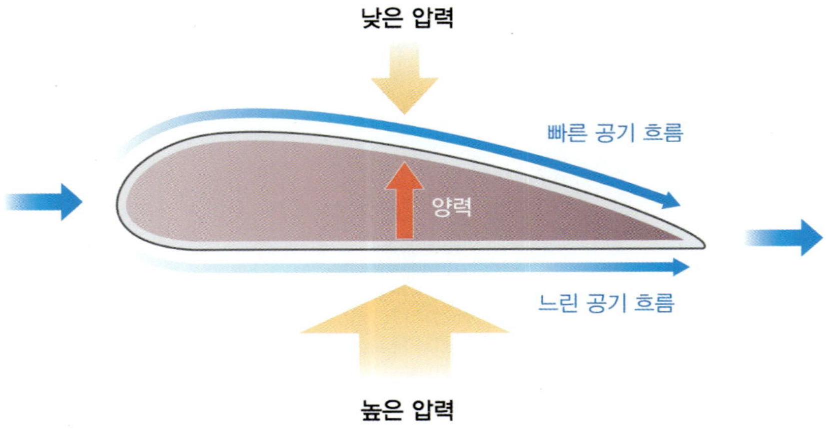

[항공기 날개에 작용하는 압력과 공기 흐름]

항공기는 기체 중량이 지구 중심을 향해 작용하고 있기 때문에 항공기가 공중에 뜨기 위해서는 이 중량 이상의 양력(Lift)이 발생해야 한다. 또한 항공기 날개에 양력(Lift)을 발생시키기 위해서는 일정 속도 이상의 속도로 공기 중을 비행해야 하는데 이때 항공기 날개 및 기체 전체에는 공기저항이 생기게 되고 항공기가 앞으로 나아가기 위해서는 이러한 공기저항 이상의 추력(Thrust)으로 항력(Drag)을 극복해야 한다.

보통 항공기에 사용되는 날개의 모양을 '에어포일(airfoil)'이라고 하는데, 에어포일(airfoil)이 유체 속에서 운동할 때 그 주위에는 4가지 힘, 즉 양력(Lift), 중력(Weight), 그리고 앞서 언급한 추력(Thrust)과 항력(Drag)이 작용한다.

추력(Thrust)은 항공기의 엔진으로부터 나오는데 에어포일(airfoil)을 앞으로 가속하는 힘이며, 항력(Drag)은 이 가속을 방해하는 공기의 저항으로 에어포일(airfoil)의 운동방향과 반대 방향으로 작용한다. 중력(Weight)은 지구상 질량을 가진 모든 물체에 작용하는 지구 중심으로 잡아당기는 힘이며, 마지막으로 양력(Lift)은 에어포일(airfoil)이 공중에 떠 있기 위해 위쪽으로 작용하는 힘을 말한다.

이제 항공기에 작용하는 이 4가지 힘에 대해 좀 더 자세히 살펴보도록 하자.

2. 항공기에 작용하는 4가지 힘

1) 양력(Lift)

'양력(Lift)'이란 항공기가 뜨기 위해 수직으로 작용하는 부양력을 말하는데, 중력(Weight)이 항공기를 아래로 당기는 힘이라면 양력(Lift)은 반대로 항공기를 위로 뜨게 하는 힘을 말한다.

양력(Lift)은 항공기 날개가 위쪽으로 약간 들려 있어 날개의 위쪽 공기 속력이 아래쪽 공기 속력보다 빨라져 생기게 되는데, 이처럼 양력(Lift)은 비행 속도와 날개 면적에 비례하기 때문에 안정적인 양력을 유지하기 위해서는 비행 속도와 날개의 면적이 중요하다. 즉, 항공기는 충분한 양력(Lift)을 발생시킬 수 있게 빠른 속도로 움직여야 하고, 날개의 면적은 넓어야 하며, 공기의 저항이 적게 유선형이어야 한다. 이는 항공기의 날개 모양이 윗면은 약간 볼록하게 솟아 있고 아랫면은 거의 평평한 모양일 때 양력(Lift)이 더욱 커져 항공기가 위로 뜨기 더 쉽기 때문이다.

또한 양력(Lift)의 크기는 비행 속도와 날개의 면적뿐만 아니라 공기 흐름의 방향과 날개의 경사각이 이루는 각도인 '받음각(angle of attack)'에 따라서도 달라지는데, 일반적으로 이 받음각이 커질수록 양력(Lift)도 증가하게 된다. 다만 이 받음각이 일정한 수준을 초과하면 양력(Lift)이 오히려 감소하고 항공기가 앞으로 나아가는 것에 저항하는 힘인 항력(Drag)이 증가하게 된다.

그리고 양력(Lift)과 무게는 항상 반대적 성질을 나타내는데 양력(Lift)이 좋을수록 더 많은 무게를 들어 올릴 수 있기 때문에 여객기나 수송기를 설계할 때는 날개를 크게 만들어 양력 이득을 최대로 해야 한다.

실속(Stall)

'실속(Stall)'이란 '속도를 잃어버린다.'라는 뜻으로, 항공기가 비행 중 속도를 잃게 되면 날개에 공기 흐름이 사라지게 되고 그렇게 되면 양력(Lift)이 발생하지 않아 항공기가 추락하게 되는데, 이렇게 양력(Lift)이 급격히 떨어지는 현상이나 그로인해 항공기가 추락하는 비행 상태를 '실속(Stall)'이라 한다.

'실속(Stall)'이 발생하는 원인은 공기 흐름의 방향과 날개의 경사각이 이루는 각도인 '받음각(Angle of attack)'이 너무 커졌기 때문인데, 이때 만약 추력(Thrust)이 충분하다면 '실속(Stall)'이 일어나지 않겠지만 추력(Thrust)이 충분하지 못할 때 받음각이 너무 커지면 날개 표면에 공기의 흐름이 떨어져 나가게 된다. 이런 현상을 보통 '박리현상'이라고 하는데, 이 '박리현상'이 너무 커지게 되면 '실속(Stall)'이 발생하게 된다.

2) 중력(Weight)

'중력(Weight)'이란 지구 중심을 향해 아래로 당겨지는 힘을 말하는데, 만약 이 중력(Weight)이 항공기가 뜨기 위해 수직으로 작용하는 부양력인 양력(Lift)보다 크면 항공기는 뜰 수 없다. 즉, 항공기의 무게가 많이 나갈수록 많은 양력(Lift)을 필요로 하기 때문에 항공기를 제작할 때는 이를 감안하여 최대한 가볍게 제작하여야 한다.

3) 추력(Thrust)

'추력(Thrust)'이란 항공기를 움직이게 하는 원동력으로, 항공기를 앞으로 나아가게 하는 힘을 말한다.

항공기를 위로 뜨게 하는 힘인 양력(Lift)을 발생시키기 위해서는 반드시 추력(Thrust)이 필요하고, 이 추력(Thrust)은 항공기 엔진으로부터 나온다. 엔진에서 항공기 비행 반대 방향으로 공기를 밀어내면 공기는 항공기의 비행 방향으로 추력(Thrust)을 발생시키게 되는데 이 힘으로 항공기는 앞으로 전진하게 되는 것이다.

추력(Thrust)은 반드시 높을 필요는 없지만, 그렇다고 너무 낮아서도 안 된다.

4) 항력(Drag)

'항력(Drag)'이란 항공기가 앞으로 나아가려고 할 때 저항하는 힘으로 항공기를 앞으로 나아가게 하는 힘인 추력(Thrust)과 반대 방향으로 작용하는 힘을 말한다.

항공기가 비행하기 위해서는 반드시 이 항력(Drag)보다 추력(Thrust)이 커야 한다.

항공기가 비행할 때 작용하는 항력(Drag)은 항공기의 움직임을 저지하려는 공기의 저항력이라 할 수 있으며, 이러한 공기의 저항, 즉 공기의 마찰을 줄이기 위해서 항공기는 유선형으로 제작된다.

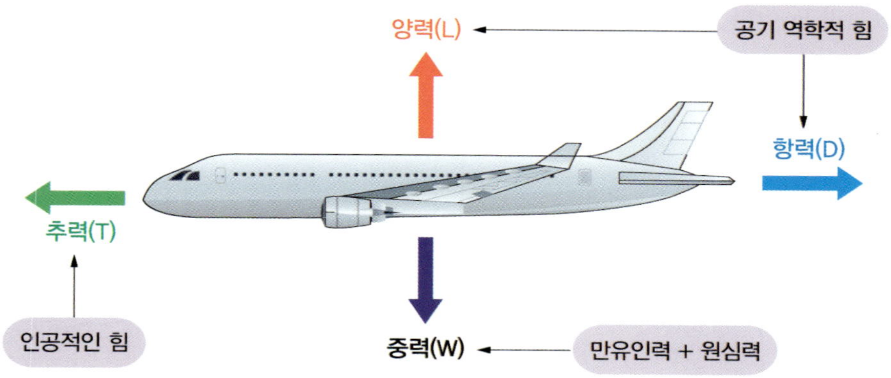

[항공기에 작용하는 4가지 힘]

3. 항공기의 3축 운동

일반적으로 물리학에서는 물체가 위치를 이동하는 것을 '운동'이라고 부르는데, 항공기는 비행 중 '직선 운동', '회전 운동', 그리고 상 · 하로의 '수직운동', 이렇게 3가지의 기본 운동을 한다.

항공기가 앞으로 나아가는 것을 '직선 운동'이라고 하는데 엔진의 힘만 이용하면 되기 때문에 비교적 단순한 편에 속한다.

항공기가 방향을 바꾸거나 기체를 기울이는 것을 '회전 운동'이라고 하는데 항공기의 '회전 운동'은 크게 '선회운동'인 '옆놀이'와 '상하운동'인 '키놀이', 그리고 '좌우운동'인 '빗놀이'로 나눌 수 있다.

항공기의 기체는 크게 '세로축(X축)'과 '가로축(Y축)', 그리고 '요축'이라고 부르는 '수직축(Z축)'으로 나눌 수 있는데, 이 세 축을 이용한 비행 운동을 항공기의 3축 운동이라고 한다.

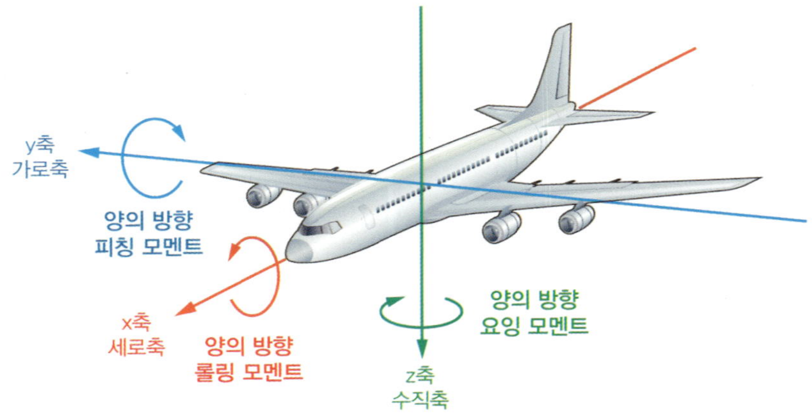

[항공기의 3축 운동]

1) 선회운동(Rolling)

'옆놀이'라고도 부르는 '선회운동(Rolling)'은 항공기의 앞 · 뒤로 이어지는 가로축을 기준으로 항공기가 회전하는 운동을 말한다.

보조날개의 작용에 의해 항공기의 좌우 주날개(Mail Wing)가 상하로 움직이는 것으로, 조종사가 조종간을 왼쪽 또는 오른쪽으로 회전시키면 양쪽 날개 뒷부분에서 보조익(Aileron)이라고 하는 장치가 움직이는데 한쪽 날개의 보조익(Aileron)이 올라가면 반대쪽 날개의 보조익(Aileron)이 내려가고 그 결과, 항공기가 왼쪽 또는 오른쪽으로 기울어지게 된다.

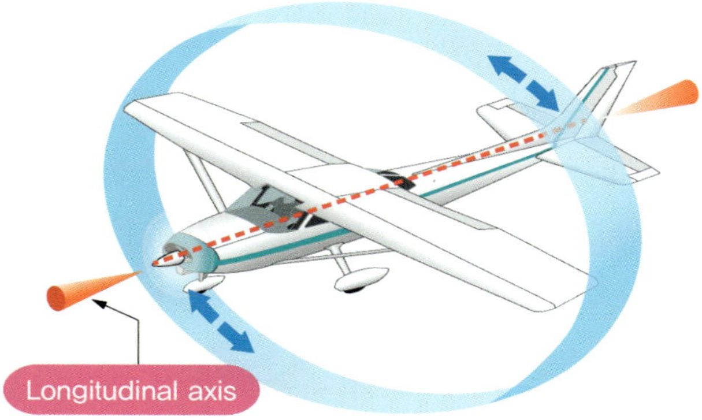

2) 상하운동(Pitching)

'키놀이'라고도 부르는 '상하운동(Pitching)'은 항공기의 양쪽으로 이어지는 세로축을 기준으로 항공기가 위 · 아래로 움직이는 운동을 말한다.

수평꼬리날개의 작용에 의해 항공기의 앞 · 뒤가 위 · 아래로 움직이는 것으로, 조종사가 조종간을 뒤로 당기거나 앞으로 밀면 수평꼬리날개 뒷부분에서 승강타(Elevator)라고 하는 장치가 위로 또는 아래로 움직이는데, 그 결과 항공기가 위로 또는 아래로 상승 혹은 하강하게 된다.

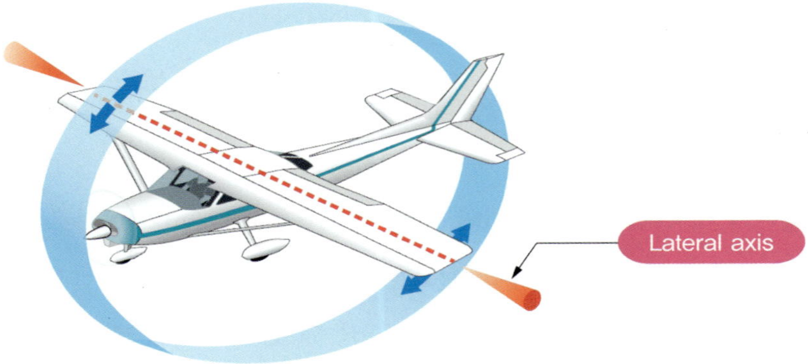

3) 좌우운동(Yawing)

'빗놀이'라고도 부르는 '좌우운동(Yawing)'은 항공기의 위 · 아래로 이어지는 수직축을 기준으로 항공기가 좌 · 우로 움직이는 운동을 말한다.

수직꼬리날개의 작용에 의해 항공기의 기수가 좌 · 우로 움직이는 것으로, 조종사가 두 발로 페달을 왼쪽 또는 오른쪽으로 밟으면 수직꼬리날개 뒷부분에서 방향타(Rudder)라고 하는 장치가 왼쪽 또는 오른쪽으로 움직이는데, 그 결과 항공기가 왼쪽 또는 오른쪽으로 방향을 바꾸게 된다.

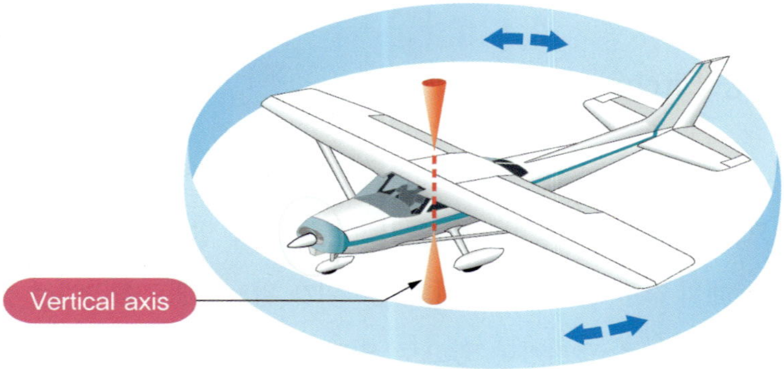

항공기의 3축 운동		
1차 조종면	**항공기 운동**	**회전축**
Aileron(보조익)	선회운동(Rolling) = 옆놀이	Longitudinal(세로축) = X축
Elevator(승강타)	상하운동(Pitching) = 키놀이	Lateral(가로축) = Y축
Rudder(방향타)	좌우운동(Yawing) = 빗놀이	Vertical(수직축) = Z축

02
Chapter

항공기 구조

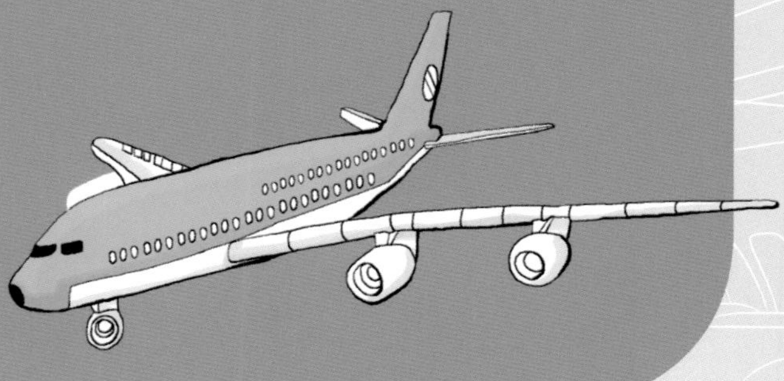

Chapter

02 항공기 구조

학습목표

1. 항공기 외부 구조에 대해 설명할 수 있다.
2. 항공기 내부 구조에 대해 설명할 수 있다.

1절 항공기 외부 구조

항공기의 외부는 크게 동체(Fuselage), 날개(Wing), 엔진(Engine), 착륙장치(Landing Gear)로 구성되어 있으며, 공기저항을 적게 받을 수 있도록 전체적으로 유선형으로 제작된다.

1. 동체(Fuselage)

동체(Fuselage)는 항공기의 몸체 부분으로 승객을 태우거나 운반해야 할 물건을 싣는 장소로 이용된다.

동체 내부는 크게 항공기 전체를 통제하고 조종할 수 있는 조종실(Cockpit), 승객과 승무원이 탑승하는 객실(Cabin), 그리고 승객 수하물과 화물을 탑재하는 화물칸(Cargo Compartment)으로 이루어져 있다. 물론 예외의 경우도 있지만 일반적으로 조종실(Cockpit)은 항공기 동체의 제일 앞부분에 위치해 있으며, 객실(Cabin)은 중간부분, 화물칸(Cargo Compartment)은 아랫부분에 위치해 있다.

[항공기 동체(Fuselage)]

2. 날개(Wing)

날개(Wing)는 항공기 동체(Fuselage)에 연결된 주요 부분으로, 항공기를 공중으로 부양시켜 비행을 할 수 있게 해 주는 역할을 한다.

위치에 따라 주날개(Main Wing, 동체 가운데 부분에 위치)와 꼬리날개(Tail Wing, 동체 끝 부분에 위치)로 구분되며, 각각의 역할과 주요 부분은 다음과 같다.

1) 주날개(Main Wing)

주날개(Main Wing)는 항공기를 공중에 뜨게 하는 양력(Lift)을 발생시키는 부분으로, 기체의 중량을 지탱하는 중요한 역할을 한다.

주날개(Main Wing) 내부에는 연료탱크가 있어 연료를 보관할 수 있으며, 주날개(Main Wing) 외부에는 조종면인 에일러론(Aileron), 고양력장치인 플랩(Flap), 양력을 감소시키는 스포일러(Spoiler)가 장착되어 있고, 일부 항공기에는 저항을 감소시켜 연료효율을 높이는 윙릿(Winglet)도 설치되어 있다.

(1) 에일러론(Aileron)

'보조익'이라고도 부르는 에일러론(Aileron)은 주날개(Main Wing) 뒤쪽 가장자리에 장착되어 있는 장치로, 항공기의 기체를 좌 · 우 방향으로 기울이는 롤(Roll) 기능을 조정 혹은 제어하여 항공기가 선회운동(Rolling)을 안정적으로 할 수 있도록 하는 역할을 한다. 또한 기체의 좌 · 우 안정을 유지시키는 데도 도움이 된다.

[항공기 에일러론(Aileron)]

(2) 플랩(Flap)

플랩(Flap)은 주날개(Main Wing) 뒤쪽 가장자리에 장착되어 있는 장치로, 항공기이 · 착륙 시 고양력, 즉 양력(Lift)을 증가시켜 항공기가 쉽게 이 · 착륙할 수 있도록 하는 역할을 한다.

플랩(Flap) 장치가 확장되면 양력(Lift)뿐만 아니라 앞으로 나아가는 것에 저항하는 힘인 항력(Drag)도 함께 증가하는데, 이로 인해 이 · 착륙 시 활주거리가 감소되고 착륙 시 감속에도 도움이 된다.

(3) 스포일러(Spoiler)

'에어브레이크(Airbreak)' 혹은 '스피드브레이크(Speed break)'라고도 부르는 스포일러(Spoiler)는 주날개(Main Wing) 위쪽에 장착되어 있는 장치로, 착륙 시 제동거리와 활주시간을 줄여주는 역할을 한다.

착륙 시 스포일러(Spoiler) 장치를 위쪽으로 솟아오르게 수직으로 세우면 공기의 흐름을 떨어뜨려 양력(Lift)은 감소되고 항력(Drag)은 증가하게 되는데, 이 때문에 항공기는 기수를 내리지 않고도 큰 충격 없이 하강할 수 있다. 또한 착륙 후에는 공기저항을 브레이크로 이용하여 항공기의 지상 활주시간을 단축시켜주는 제동 작용도 한다.

[항공기 플랩(Flap) & 스포일러(Spoiler)]

(4) 윙릿(Winglet)

'윙릿(Winglet)'은 주날개(Main Wing) 끝에 거의 수직으로 장착되어 있는 장치로, 비행 시 날개 아래에서 날개 위로 올라가려고 하는 와류(소용돌이, Wing Tip Vortex)를 날개 쪽으로 올라오지 못하도록 막아 공기저항을 줄여주는 역할을 한다.

공기는 압력이 높은 곳에서 낮은 곳으로 흐르게 되는데, 항공기의 주날개 아래쪽의 압력은 위쪽보다 높기 때문에 공기는 날개 아래쪽에서 위쪽으로 흐른다.

항공기 날개 끝에는 공기를 막을 구조물이 없기 때문에 공기는 이 부분을 타고 주날개 위로 올라오게 되는데 이 때문에 비행 중인 항공기 주날개 끝에는 항상 와류(소용돌이, Wing Tip Vortex)가 생긴다.

윙릿(Winglet)은 낮은 압력의 날개 위 공기와 높은 압력의 날개 아래 공기가 만나는 위치를 변경함으로써 날개 끝에 생기는 이러한 와류(소용돌이, Wing Tip Vortex)를 진정시킨다.

이렇게 와류(소용돌이, Wing Tip Vortex)가 줄어들면 양력 발생으로 인해 생기는 저항력인 유도항력이 감소되게 되고 이는 연료 절감에 큰 도움이 된다.

또한 이렇게 와류(소용돌이, Wing Tip Vortex)를 진정시킴으로써 항공기 주변의 공기흐름을 수월하게 하여 주변 항공기의 안전을 확보하고, 조종 환경도 개선한다.

그렇지만 윙릿(Winglet)은 그 자체만으로도 공기저항이 늘어나기 때문에 모든 항

[항공기 윙릿(Winglet)]

공기에 장착되어 있는 것은 아니고 보통 장거리용 항공기나 최신식 항공기에 장착되어 있는 경우가 많다.

2) 꼬리날개(Tail Wing)

꼬리날개는(Tail Wing)는 항공기 기수를 들거나 숙이는 상하운동(Pitching)과 방향을 좌우로 움직이는 좌우운동(Yawing) 등을 안정적으로 할 수 있게 하고 항공기의 균형을 유지시키는 역할을 한다.

꼬리날개(Tail Wing)는 수직안정판(Vertical Stabilizers)과 수평안정판(Horizontal Stabilizers)으로 이루어져 있으며, 여기에는 승강타(Elevator)와 방향타(Rudder)로 불리는 조종면이 장착되어 있다.

(1) 승강타(Elevator)

수평안정판(Horizontal Stabilizer)의 뒤쪽에 장착되어 있으며, 위·아래로 작동하여 수직 이동, 즉 항공기의 상하운동(Pitching)을 가능하게 해 준다.

[항공기 승강타(Elevator) & 방향타(Rudder)]

다시 말해 항공기의 기수(Head)를 상승 또는 하강하게 하는 방향판 역할을 하는 장치이다.

(2) 방향타(Rudder)

수직안정판(Vertical Stabilizer)의 뒤쪽에 장착되어 있으며, 좌 · 우로 작동하여 항공기의 좌우 방향 전환, 즉 항공기의 좌우운동(Yawing)을 가능하게 해 준다.

항공기 기수(Head)의 좌 · 우 이동과 선회 시 보조익(Aileron)과 함께 항공기의 비행방향 전환을 용이하게 하는 방향판 역할을 하는 장치이다.

3. 엔진(Engine)

엔진(Engine)은 항공기의 주동력을 제공하는 장치로 항공기를 앞으로 나아가게 하는 힘, 즉 추력(Thrust)을 발생시키는 역할을 한다. 또한 항공기 내에서 숨을 쉴 수 있도록 하는 여압장치와 기내가 적당한 온도로 유지될 수 있도록 하는 냉난방장치, 그리고 항공기 내에서 다양한 설비를 이용할 수 있도록 하는 전기를 공급한다.

덕분에 항공기 내의 각종 장치와 통신설비가 작동할 수 있고 기내식을 데우거나 영화 감상 등의 다양한 서비스를 승객들에게 제공할 수 있다.

항공기 엔진(Engine)은 대부분 동체의 옆이나 주날개(Main Wing) 부분에 장착되어 있지만 항공기 기종에 따라 동체 꼬리 부분(MD-11, DC10, B727 등)에 장착되어 있기도 하다.

엔진(Engine)의 수는 기종에 따라 차이가 있으나 일반적으로 좌 · 우 주날개에 1~2개씩 총 2~4개가 장착되어 있다. 단, MD-11의 경우에는 동체 꼬리날개 중앙에 1개, 좌우 주날개에 1개씩 2개, 이렇게 총 3개가 장착되어 있다.

항공기 엔진(Engine)은 식별을 위해 일련번호를 붙이는데 항공기 후방에서 항공기의 전방인 기수(Head)를 바라봤을 때 왼쪽부터 1, 2, 3, 4번순으로 부여된다. 엔진 제작사는 영국의 Rolls-Royce Ltd, 미국의 General Electric Co., Pratt & Whitney 등이 있다.

[항공기 엔진(Engine)]

보통 대형기는 좌 · 우 날개에 각각 2개씩의 엔진이 장착되어 있으며, 중 · 소형기는 좌 · 우 날개에 각각 1개씩이 장착되어 있다.

- 대형기: A380, B747, B777(B777은 대형기이나 엔진은 좌 · 우 각각 1개)
- 중형기: A340, A330, B767
- 소형기: A321, A320, B737

1) GPU(Ground Power Unit)

지상에서 항공기에 동력을 공급하는 장치로, 항공기의 시동과 점검, 그리고 정비 등에 필요한 동력을 공급하는 지상 전원공급장치를 말한다.

공항 주기 시 대부분은 상대적으로 연료 소모율이 낮은 GPU(Ground Power Unit)를 활용하여 항공기에 전원을 공급하는데, GPU(Ground Power Unit)의 종류로는 계류장 매립형, 계류장 스탠드형, 탑승교 부착 설치형, 이동형 등이 있다.

계류장 매립형은 공항 계류장 지하에 매립 설치되어 있는 것으로 공항 주기 시 언제든 사용 가능하다는 장점이 있고, 계류장 스탠드형은 공항 계류장 앞쪽에 발전기 형태로 설치되어 있는 것으로 항공기에 바로 연결할 수 있어서 APU(Auxiliary Power Unit)의 사용시간을 절약할 수 있다는 장점이 있다.

탑승교 부착형은 공항 탑승교(Boarding Bridge)에 설치되어 있는 것으로 항공기가 주기 후 탑승교와 완전히 접안된 상태에서 전원을 공급 받을 수 있다. 이는 지상에서의 이동 시 발생할 수 있는 항공기 안전사고를 예방할 수 있고 항공사 자체장비 없이도 지상에서의 공급이 가능하다는 장점이 있다.

마지막으로 이동형은 항공사와 조업사가 소유한 이동 가능한 장비로 보통 고정형의 GPU(Ground Power Unit) 장비들이 고장일 경우 사용한다.

2) APU(Auxiliary Power Unit)

항공기에 보조적인 동력을 공급하도록 만들어진 항공기 자체에 장착되어 있는 소형엔진 형태의 보조동력장치로, 지상에서는 물론 비행 중에도 사용이 가능하다.

주로 항공기의 꼬리날개(Tail Wing) 안쪽에 장착되어 있는데 지상에서 GPU(Ground Power Unit)의 공급이 가능할 경우에는 사용하지 않고 항공기가 출발하기 위해 공항에서 이동할 때 GPU(Ground Power Unit)로부터의 전원 공급이 차단된 상태에서 항공기 주 엔진이 가동되기 전까지 그 시간 동안 항공기에 전원을 공급해주는 보조동력장치로 사용된다.

비행 중에는 비상대기전원으로 사용되는데 주 엔진에 문제가 발생하여 전원 공급이 원활하지 못한 경우 비행에 필요한 최소한의 전기와 공기 등을 공급하는 역할을 한다.

4. 랜딩 기어(Landing Gear)

랜딩 기어(Landing Gear)는 항공기 이 · 착륙 시 활주 및 항공기의 지상 이동 시 방향 전환을 돕는 역할을 한다. 또한 착륙 시 충격 흡수 및 제동을 도울 뿐만 아니라 계류 시 항공기 자체의 중량을 지탱하는 장치로, 항공기 동체 하단에 장착되어 있다.

랜딩 기어(Landing Gear)는 비행 중이 아닌 지상에서 필요한 장치이기 때문에 비행 중에는 접혀져 있고 이 · 착륙 시에만 펼쳐져 사용된다.

랜딩 기어(Landing Gear)는 Nose Landing Gear와 Main Landing Gear로 구성되어 있는데 동체 전방 하단에 위치한 Nose Landing Gear는 항공기의 방향 전환 및 균형 유지 기능을 하고 동체 중앙 하단에 위치한 Main Landing Gear는 지상에서의 항공기 무게 유지 및 이 · 착륙 시 활주와 착륙 시 충격 흡수, 제동 등을 돕는 기능을 한다.

항공기의 크기가 커질수록 무게도 무거워지기 때문에 바퀴의 수도 그에 비례하여 늘어나게 되는데 대표적인 대형기종인 B747의 경우 Nose Landing Gear 1개에 바퀴 2개, Main Landing Gear 4개에 바퀴 4개씩 16개, 이렇게 총 18개의 바퀴가 장착되어 있다.

[항공기 랜딩 기어(Landing Gear)]

2절 항공기 내부 구조

항공기의 내부는 크게 조종실(Cockpit), 객실(cabin), 화물칸(Cargo Compartment)으로 구성되어 있으며, 일반적으로 조종실(Cockpit)은 항공기 동체의 제일 앞부분에 위치해 있고, 객실(Cabin)은 중간부분, 화물칸(Cargo Compartment)은 아랫부분에 위치해 있다.

1. 조종실(Cockpit)

일반적으로 작고 협소한 공간을 의미하는 'Cockpit' 혹은 'Flight Deck'이라고 부르는 항공기의 조종실은 운항승무원이 탑승하여 항공기를 조종하는 공간이다.

조종실(Cockpit)은 항공기 운항 및 안전에 필요한 충분한 시야 확보를 위해 항공기의 최전방에 위치해 있으며, 기종에 따라 1층 혹은 2층에 설치되어 있다.

에어버스(Airbus)사의 대표적인 대형 기종인 A380 항공기의 경우 항공기 전방 1층 칸(Main Deck)과 2층 칸(Upper Deck) 중간에 조종실(Cockpit)이 있고, 항공기 전방 부분만 복층 구조인 보잉(Boeing)사의 B747 항공기의 경우에는 2층 칸(Upper Deck) 전방에 위치해 있다.

조종실(Cockpit) 내부에는 운항승무원의 좌석과 항공기 조종을 위한 조종간 및 각종 계기판, 스위치, 통신설비 등 다양한 기계설비가 장착되어 있으며, 기종에 따라 운항승무원이 휴식할 수 있는 침대칸식 Bunk도 설치되어 있다.

조종실(Cockpit)에는 일반적으로 기장(Captain)과 부기장(First Officer) 2명의 운항승무원이 탑승하는 것이 원칙인데, 통상 'PIC(Pilot-In-Command)'라고 부르는 항공기의 주 조종사는 항공기의 안전과 운항에 관련된 모든 권한과 책임을 가진다.

항공기 전방을 기준으로 기장은 좌측에, 부기장은 우측에 앉는다.

기내 보안을 위해 조종실(Cockpit) 내부에는 인가를 받은 사람만이 출입할 수 있으며, 당일 근무 승무원 중에서도 출입 가능한 Duty를 받은 승무원을 제외하고는 기장의 허락 없이 조종실(Cockpit)에 들어가서는 안 된다.

항공기 안전을 위해 조종실(Cockpit) 문(Door)은 외부에서 쉽게 들어갈 수 없도록 방탄 소재로 되어 있고, 조종실(Cockpit) 내부에는 객실 내 주방(Galley)의 전원을 차단하는 장치인 Circuit Breaker, 화재진압용 소화기(Fire Extinguisher)와 손도끼(Crash Axe), 운항승무원용 PBE(Protective Breathing Equipment), 응급의료장비인 EMK(Emergency Medical Kit) 등의 설비들이 구비되어 있다.

[항공기 조종실(Cockpit)]

2. 객실(Cabin)

소위 'Cabin'이라고 부르는 객실은 항공기 동체에서 가장 큰 부분을 차지하는 공간으로 승객의 탑승 및 승무원들의 업무가 진행되는 장소이다.

객실(Cabin)은 승객을 위한 좌석과 승무원 좌석(Jump Seat), 승무원의 주 업무 공간인 주방(Galley), 승무원의 휴식공간(Crew Restroom, Bunk), 승객의 수하물을 보관하는 선반(Overhead Bin), 옷장(Closet), 화장실(Lavatory) 등으로 이루어져 있으며, 항공기의 대형화와 함께 항공기 객실 내부 설비들은 점차 다양화, 고급화, 편의화되는 추세이다.

항공기의 규모에 따라 객실(Cabin)은 몇 개의 구역(Zone)으로 나뉘며, 객실승무원은 담당 업무구역(Zone)을 배정받아 해당 책임 구역에서 업무하게 된다.

[항공기 객실(Cabin)]

1) 객실 등급

일반적으로 객실 등급은 항공 운임에 따라 일등석(First Class), 비즈니스석(Business Class), 일반석(Economy Class)으로 구분되지만 항공사에 따라 객실 등급에 대한 명칭을 다르게 사용하기도 하고 일부 저비용 항공사에서는 등급 구분 없이 단일 등급(Mono Class)으로 운영하기도 한다.

(1) 일등석(First Class, F/C)

각 항공사에서 승객에게 제공할 수 있는 최상의 물적 · 인적 서비스를 제공하는 일등석(First Class)은 보통 소음과 흔들림이 가장 적은 위치인 항공기 객실 전방부에 위치하며, 항공사에 따라 복층 구조의 항공기에는 2층 칸(Upper Deck)에 배치하기도 한다.

항공사와 기종에 따라 차이는 있으나 보통 좌석수는 8~20석 정도로 극소수 승객을 위해 제한적이고 특별한 공간으로 운영하는 경우가 대부분이다.

일등석(First Class)은 다른 객실 등급에 비해 넓은 좌석 너비와 좌석 간의 간격을 가지고 있어 쾌적함과 안락함을 느낄 수 있는 것 이외에도 개인의 프라이버시가 최대한 보호되는 형태로 설계되어 있어 독립적 공간에서 편안함과 안정감을 느낄 수 있다는 장점이 있다.

또한, 최근에는 기종에 따라 180° 평면 형태로 펼쳐지는 좌석인 침대좌석(Sleepers First Class)이 설치되어 있기도 하고 좌석마다 VTR 모니터와 위성전화가 장착되어 있는 등 승객을 위한 각종 편의시설이 설치되어 있다.

그 밖에도 기종에 따라 장거리 비행에서 유용한 간이 샤워실이나 최상급의 주류가 비치되어 있는 바(bar) 등이 설치되어 있는 등 점점 고급화, 첨단화된 다양한 편의시설들을 선보이고 있는 추세이다.

[항공기 일등석(First Class)]

(2) 비즈니스석(Business Class, B/C)

편안한 좌석과 수준 높은 서비스를 제공하는 비즈니스석(Business Class)은 일반적으로 객실 가장 전방부에 위치한 일등석(First Class) 바로 뒤쪽 Main Deck에 위치하지만, 일등석(First Class)과 마찬가지로 항공사에 따라 복층 구조의 항공기에서는 2층 칸(Upper Deck)에 배치하기도 한다.

비즈니스석(Business Class)은 항공사와 기종에 따라 차이는 있으나 보통 약 20~60석 정도로 소수의 승객을 위한 공간으로 운영된다.

원래는 주로 비즈니스를 목적으로 하는 승객이 목적지에 내려 곧장 업무를 볼 수 있도록 편안함과 안락함을 제공하는 것을 최우선 목표로 하였으나 최근에는 비즈니스를 목적으로 하는 승객 이외에도 이용하는 승객들이 점차 증가하고 있어 많은 항공사들이 객실 내 좌석수를 확장, 운영하고 있는 추세이다.

항공사마다 약간의 차이는 있지만 비즈니스석(Business Class)은 통상 일반석(Economy Class) 면적의 약 1.7배 이상의 넓고 안락한 공간에 일반석(Economy Class)보다 조금 더 눕혀지는 좌석 혹은 180°에 가까운 평면 형태로 펼쳐지는 좌석으로 이루어져 있으며, 높은 수준의 서비스와 다양한 편의시설을 제공하고 있다.

최근 일부 항공사에서는 일등석(First Class)을 없애고 이에 준하는 수준의 서비스를 제공하는 비즈니스석(Business Class)을 확대, 운영하는 등 파격적인 전략을 펼쳐 좋은 성과를 거두기도 하였다.

이처럼 국제선을 운항하고 있는 많은 항공사에서는 영업 및 마케팅 전략에 따라 독자적인 비즈니스석(Business Class) 명칭을 내걸기도 하고, 항공사 고유의 특색 있는 서비스를 제공하거나 거의 일등석(First Class)에 준하는 안락한 공간을 제공하는 등 비즈니스석(Business Class) 승객 유치를 위해 전력을 기울이고 있다.

항공사별 비즈니스석(Business Class) 명칭

- 대한항공(Korean Air, KE): Prestige Class
- 캐세이퍼시픽(Cathay Pacific, CX): Marco Polo Class
- 영국항공(British Airways, BA): Club World
- 에어프랑스(Air France, AF): Espace
- 일본항공(Japan Airlines, JL): Executive
- 태국항공(Thai Airways Int'l Public Co., TH): Royal Silk Class
- 말레이시아항공(Malaysian Airline, MH): Golden Club

[항공기 비즈니스석(Business Class)]

(3) 일반석(Economy Class, E/Y)

여행객들이 가장 많이 이용하는 일반석(Economy Class)은 보통 비즈니스석(Business Class) 바로 뒤쪽부터 항공기 후미까지의 공간에 위치하지만 A380 항공기의 경우처럼 1층 전체에 배치하는 경우도 있다.

기종에 따라 차이는 있으나 일반적으로 소형기는 약 100~150석, 중형기는 약 250~300석, 대형기는 약 300~500석 정도로 다수의 승객이 탑승할 수 있도록 운영하고 있다.

일반석(Economy Class)을 선택하는 여행객들에게 경제적인 항공요금은 항공사를 선택하는 데 있어 가장 중요한 요인이 되기 때문에 항공사에서는 한정된 객실 공간을 최대한 활용하여 보다 저렴한 항공요금을 제공하면서도 높은 수익을 창출할 수 있는 구조로 좌석을 배치, 운용하고 있다.

이처럼 일반석(Economy Class)의 좌석 공간은 최대한 경제성을 고려하여 배치했기 때문에 기본적으로 협소할 수밖에 없고, 이런 좁은 공간에서의 장시간의 여행은 종종 '이코노미 클래스 증후군(economy class syndrome: 다리에서 생긴 혈전이 주요 혈관을 막아 치명적인 결과를 초래할 수도 있는 증상)'과 같은 건강상의 문제를 발생시키기도 한다.

다행히 최근에는 항공사들이 일반석(Economy Class)도 좌석의 안락함과 쾌적성을 높이기 위해 등받이 각도와 좌석 간의 간격을 기존보다 좀 더 넓히고, 승객을 위한 편의시설들을 확충하는 등 노력을 기울이고 있다.

[항공기 일반석(Economy Class)]

2) 객실 시설

(1) 좌석

객실 내 좌석은 승무원 좌석(Jump Seat)과 승객 좌석(Passenger Seat)으로 구분할 수 있다.

① 승무원 좌석(Jump Seat)

항공기 내 객실승무원의 좌석을 'Jump Seat'이라고 하며, 승무원 좌석 주변을 'Duty Station'이라고 한다.

승무원 좌석(Jump Seat)은 객실승무원이 이 · 착륙 시 착석하는 곳으로, 비상상황 시 탈출에 대비해 비상출구(Door) 옆에 전향 또는 후향으로 위치해 있으며, 접이식 형태로 1~2명이 앉을 수 있도록 설치되어 있다.

승무원 좌석(Jump Seat)에는 Seat Belt와 Shoulder Harness가 장착되어 있으며, 좌석에 착석하지 않을 때에는 자동적으로 접히도록 되어 있기 때문에 사용하지 않을 경우에는 비상탈출 시 방해되지 않도록 Seat Belt와 Shoulder Harness를 좌석 안쪽으로 깔끔하게 정리해야 한다.

[승무원 좌석(Jump Seat)]

좌석 주변에는 기내방송 및 승무원 간 상호 연락에 사용되는 인터폰과 소화기, 손전등, 구명복, 산소통, 산소마스크, PBE 등의 각종 비상장비들이 구비되어 있으며, 일부 승무원 좌석 주변에는 Pre-recorded, Boarding Music, 객실조명, 객실온도 등을 조절하는 장치가 있는 Attendant Panel이 장착되어 있다.

② 승객 좌석(Passenger Seat)

승객 좌석(Passenger Seat)은 객실 등급에 따라 일등석(First Class), 비즈니스석(Business Class), 일반석(Economy Class)으로 구분되며, 각 항공사 Class 별로 좌석 간의 간격(Seat Pitch)과 너비(Seat Width), 좌석의 기울어지는 각도(Seat Recline), 좌석의 형태 등에 차이가 있다.

객실 등급과 상관없이 모든 승객 좌석은 열의 형태로 배치되어 있으며, 이러한 열은 번호로 지정되어 있고 각 좌석은 영문 알파벳 순으로 되어 있다.

일반적인 좌석 이외에 항공기 비상출구(Door) 앞에 위치한 좌석을 보통 '비상출구 좌석'이라고 하는데, 이 좌석에는 비상상황 시 승무원을 도울 수 있는 승객을 배정한다. 이 외에도 주방(Galley)이나 Class Divider 바로 후방에 위치해 앞쪽이 벽면인 좌석도 있는데 이러한 좌석을 'Bulkhead Seat'이라고 한다. 이런 'Bulkhead Seat'은 다른 좌석보다 비교적 공간이 넓고 유아용 요람(Baby Bassinet)을 설치할 수 있도록 되어 있다.

일반적으로 승객 좌석(Passenger Seat)은 Seatbelt, Tray Table, Armrest, Footrest, Seat Pocket 등으로 구성되어 있고, 모든 승객 좌석 아래에는 비상착수 시 사용할 수 있도록 비상용 구명복(Life Vest)이 비치되어 있다.

[일반 좌석]

[Bulkhead Seat]

[비상출구 좌석]

(2) PSU(Passenger Service Unit)

승객 좌석(Passenger Seat)에는 승객이 비행 중 이용할 수 있는 다양한 편의설비가 장착되어 있는데 이러한 편의설비를 'PSU(Passenger Service Unit)'라고 부른다.

승객 좌석 팔걸이 부분이나 머리 위 선반에 장착되어 있는 Crew Call Button(승무원 호출 버튼)과 Reading Light(독서등), Air Ventilation(환기장치), 엔터테인먼트 시스템(Entertainment System) 등이 이에 해당된다.

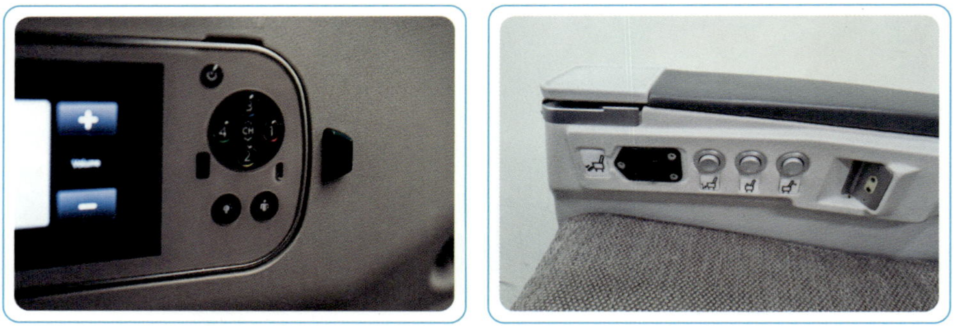

[PSU(Passenger Service Unit)]

(3) 통로(Aisle)

항공기 객실 내에서 승객과 승무원이 통행할 때 이용하는 통로(Aisle)는 기종에 따라 1개 또는 2개가 있으며, 이를 기준으로 항공기를 대형기, 중형기, 소형기로 구분할 수 있다.

B737, A320 기종과 같은 소형기들은 통로(Aisle)가 1개인데 이렇게 통로(Aisle)가 1개인 항공기를 협동체(Narrow-Body)라고 하며, B747, B777, A380, A330, A300 기종과 같은 중 · 대형기들은 통로(Aisle)가 2개인데 이렇게 통로(Aisle)가 2개인 항공기를 광동체(Wide-Body)라고 한다.

[객실 통로(Aisle)]

(4) 선반(Overhead Bin)

승객의 휴대수하물이나 기내담요, 베개 등을 보관하는 공간인 선반(Overhead Bin)은 승객 좌석 머리 위쪽에 위치하며, 기종별로 선반이 위쪽으로 열리는 형태와 아래쪽으로 열리는 형태가 있다.

선반(Overhead Bin) 외부에는 좌석번호가 표시되어 있으며, 내부에는 남아 있는 승객 수하물이 있는지 확인할 수 있는 거울이 부착되어 있는 경우도 있다.

기내에서는 선반(Overhead Bin)에서 떨어진 수하물 낙하사고로 승객이 부상 당하는 일이 종종 발생하기 때문에 선반(Overhead Bin)을 열고 닫을 때에는 항상 주의를 기울여야 하며, 제한된 무게 이상의 무거운 물건을 보관하지 않도록 주의해야 한다.

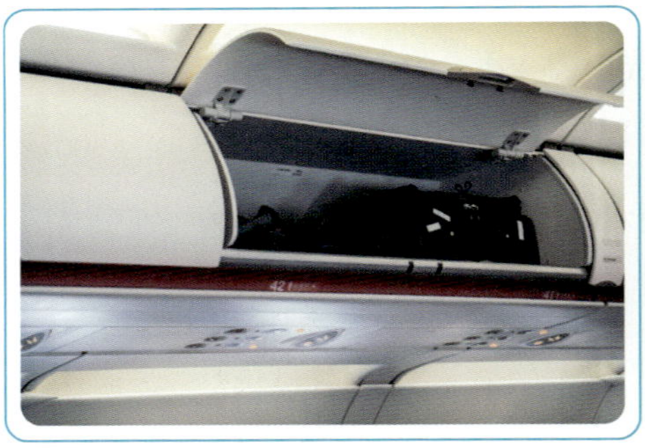

[객실 선반(Overhead Bin)]

(5) 주방(Galley, GLY)

비행 중 승객에게 제공하는 기내 식음료 및 각종 기내용품을 보관, 준비하는 공간인 주방(Galley)은 승무원이 객실 서비스를 준비하는 주 업무 공간이라고 할 수 있다.

주방(Galley)의 위치는 기종별로 약간의 차이는 있지만 보통 항공기의 전방, 중앙, 후방에 위치하며, 일등석(First Class)과 비즈니스석(Business Class)은 각각 독립된 주방(Galley)을 가지고 있고, 일반석(Economy Class)은 소형기의 경우 후방에 1개, 중 · 대형기의 경우 전 · 후방에 각각 1개씩 위치해 있다.

주방(Galley) 내부는 기종과 노선에 따라 다소 차이가 있으나 통상 오븐(Oven), 커피메이커(Coffee Maker), 워터보일러(Water Boiler), 냉장고(Refrigerator), 서비스 용품을 보관하는 Carrier Box(Container), 각종 서비스 Cart(Meal Cart, Beverage Cart 등), 쓰레기통(Trash Bin, Trash Compactor) 등이 갖추어져 있으며, 주방(Galley) 내 전원을 차단을 하는 Circuit Breaker도 설치되어 있다.

[주방(Galley)]

(6) 화장실(Lavatory, LAV)

항공기라는 한정된 공간에서 다수의 승객이 이용해야 하는 기내 화장실(Lavatory)은 한 사람이 들어갈 수 있을 정도의 협소한 공간이지만 변기, 세면대, 거울, 쓰레기통, 화장실용품 보관 선반, 승무원 호출 버튼 등의 다양한 설비들이 효율적으로 배치되어 있다.

또한 기내 화장실(Lavatory) 내부 천장에는 화재 예방을 위한 연기탐지기(Smoke Detector)와 감압에 대비한 산소마스크가 장착되어 있으며, 쓰레기통에는 열 감지 소화기가 설치되어 있다.

원래 기내 화장실(Lavatory)의 내부시설은 대부분 거의 유사한 형태였으나 최근에는 항공사마다 내부시설을 조금씩 달리하여 타 항공사와의 차별화를 꾀하고 있다.

일부 항공사에서는 여성만을 위한 여성전용 화장실이나 장애인을 위해 편의시설을 보강하고 출입을 용이하게 한 장애인전용 화장실, 기저귀 교환이 용이하도록 기저귀 교환대(diaper changing table)를 설치한 유아전용 화장실 등을 설치, 운영하고 있다.

기내 화장실(Lavatory) 문은 잠금장치를 잠그면 외부에 'Occupied(사용 중)'라고 표시되고 잠금장치를 열면 'Vacant(비어 있음)'라고 표시된다. 기내 화장실(Lavatory) 문은 비상시를 대비해 외부에서도 열 수 있도록 장치가 되어 있는데, 기내 화장실(Lavatory) 문의 'Occupied(사용 중)' 표시를 뾰족한 물건을 이용해 'Vacant(비어 있음)' 쪽으로 이동시키면 외부에서도 문을 개방할 수 있다. 객실 내에서 기내 화장실(Lavatory)은 보이지 않는 사각지대이기 때문에 승무원들은 내부에서 승객이 쓰러지거나 흡연 등을 하지 않는지 지속적으로 관찰해야 한다.

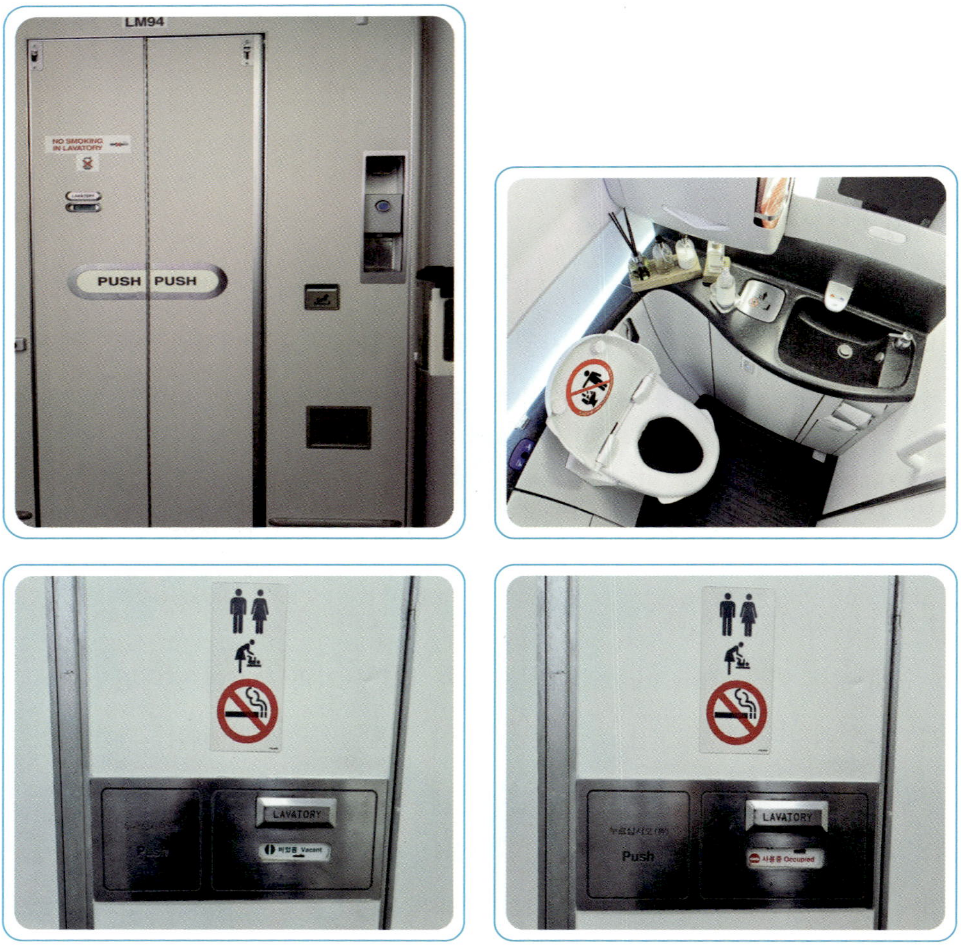

[화장실(Lavatory)]

기내 화장실(Lavatory)의 오물처리 방식은 구형 항공기와 신형 항공기가 상이한데, 구형항공기는 물을 내려 오물을 처리하는 Water Flushing Type이고 신형 항공기는 진공으로 흡입하여 오물을 처리하는 Air Vacuum Type(Vacuum Suction Type)이다.

Water Flushing Type은 오물을 펌프로 계속 순환하여 세척하는 방식을 사용하기 때문에 악취가 많이 발생한다는 단점이 있지만, Air Vacuum Type(Vacuum Suction Type)은 악취가 거의 나지 않는다는 장점이 있다. 다만 사용 시 소음이 크다는 단점도 있다.

(7) 옷장(Coat Room, Closet)

승객의 의류나 휴대수하물 등을 보관하는 공간으로 이용되는 옷장(Coat Room, Closet)은 보통 항공기 전 · 후방이나 객실 중간의 잘 보이지 않는 공간에 설치되어 있다.

동절기에 그 효용가치가 더욱 큰 옷장(Coat Room, Closet)은 기종과 관계없이 상위클래스에는 모두 설치되어 있지만 일반석(Economy Class)에는 설치되어 있지 않은 경우가 많다. 최근 신형 기종에는 일반석(Economy Class)에도 설치되어 있는 경우가 있지만 그 역시 승객의 숫자에 비하면 절대적으로 부족하다.

[옷장(Coat Room)]

(8) Bunk(Crew Rest Bunk, Crew Restroom)

비행시간이 통상 10시간 이상인 장거리 비행에서 승무원들이 교대로 휴식을 취할 수 있도록 만들어진 공간으로, 'Bunk', 'Crew Rest Bunk', 'Crew Restroom' 등 다양한 명칭으로 불린다.

기종에 따라 객실 후방이나 중간에 설치되어 있는데 B747-400 항공기의 경우에는 객실 후방 위층에 위치해 있고, A380, A330, B777 항공기의 경우에는 객실 중간 아래 공간에 위치해 있다.

Bunk 내부에는 승무원이 쉴 수 있는 6~8개의 2층 침대가 설치되어 있으며, 독서등과 인터폰 등이 장착되어 있고, 비상시 사용할 수 있는 비상장비들도 비치되어 있다.

Bunk는 이 · 착륙 시와 지상이동(taxiing) 시에는 사용할 수 없으며, Bunk 내부에서 휴식 중일 때는 반드시 Seat Belt를 착용해야 한다.

[Bunk]

3. 화물칸(Cargo Compartment)

화물칸(Cargo Compartment)은 승객의 위탁 수화물 및 화물을 탑재하는 공간으로 일반적으로 항공기의 배(Belly) 부분인 동체 하부(Low Deck)에 위치해 있다.

단, 일부 승객과 화물을 혼재하는 콤비형(Combi Type) 항공기는 승객 및 화물의 수요에 탄력적으로 대응하기 위해 객실(Cabin) 후방의 일부분을 화물탑재 공간으로 활용하기도 한다.

화물칸(Cargo Compartment)에는 탑승객의 수화물 이외에도 화주로부터 요청받은 화물이 실리는데 소형 기종에는 화물을 벌크타입(Bulk Type)으로 탑재하지만 중 · 대형 기종에는 화물용 컨테이너(Container)나 팔레트(Pallet)와 같은 항공운송용 단위탑재 용기(Unit Load Device, ULD)를 이용하여 신속하고 효율적으로 탑재한다.

화물칸(Cargo Compartment) 내부에는 온도조절, 여압, 환기, 소화 장치 등이 장착되어 있다.

[항공기 화물칸(Cargo Compartment)]

03

Chapter

항공기 분류

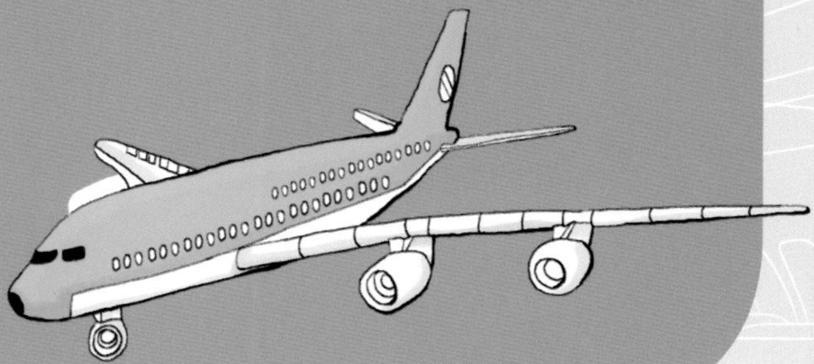

Chapter

03 항공기 분류

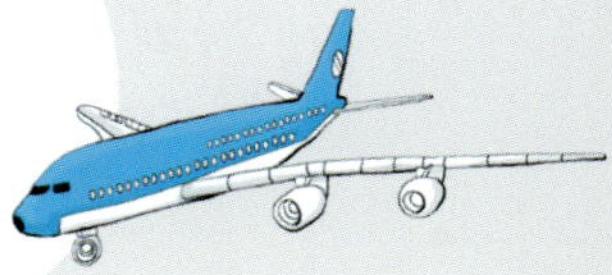

학습목표

1. 항공기 분류 기준에 따른 항공기 특징을 설명할 수 있다.
2. 대표적인 항공기 제작사와 주요 기종을 설명할 수 있다.
3. 항공기 제원과 기종별 제원의 특징을 설명할 수 있다.

1절 항공기의 분류

1. 용도에 따른 분류

1) 여객기(Passenger Airplane)

여객의 수송을 주목적으로 제작된 민간용 항공기로, 일반적으로 조종실과 분리되어 10~15석 이상의 독자적인 여객 전용공간을 가진 항공기를 말한다.

평균적으로 여객기(Passenger Airplane)의 경제수명은 약 20년 정도로 알려져 있다.

화물 전용기와는 달리 여객 수송이 주목적이기 때문에 객실에는 여압 장치와 승객 탑승 및 하기를 위한 비상출구(Door), 승객용 좌석과 창문 등이 설치되어 있다.

2) 화물기(Freighter, Cargo Aircraft)

화물의 수송을 주목적으로 하는 항공기로, 승객 없이 화물만을 수송하기 때문에 객실 내 비상출구(Door)와 창문 등이 없고 대신 화물 적재용 대형 Door가 설치되어 있다.

화물기(Cargo Aircraft)는 기종에 따라 차이는 있겠지만 객실에 여압이 되고 창문이 붙어 있어 금속 피로도가 많이 쌓이는 여객기에 비해 대략 10년 정도 기체수명이 길다고 알려져 있다.

일반적으로 화물기(Cargo Aircraft)는 무거운 화물에 대응하기 위해 바닥 부분이 강화되어 있고 하중을 늘리기 위해 날개 접합 부분도 강화되어 있다. 또한 많은 중량을 적재하기 때문에 여객기(Passenger Airplane)에 비해 연료 소비가 높은 편이다.

화물기(Cargo Aircraft)는 대부분 운항시간대가 야간인 경우가 많은데 붐비는 여객편과 출발시간대를 겹치지 않게 한다는 이유도 있지만 국제선에서는 낮 시간대에 수출입 수속이 실시되기 때문에 출발시간이 보통 이른 아침이나 심야 시간이 되는 경우가 많다.

3) 화객혼용기(Combination Aircraft)

'콤비기'라고도 불리는 화객혼용기는(Combination Aircraft)는 여객기(Passenger Airplane) 객실의 격벽을 전 · 후방으로 막아 단위탑재용기(ULD)를 탑재할 수 있도록 설계한 항공기로, 하부(Lower Deck) 화물 탑재칸과 상부(Main Deck) 객실 일부를 화물탑재용으로 사용한다. 통상 하부(Lower Deck) 전체는 화물 탑재칸으로 이용하고 상부(Main Deck) 객실 앞쪽 부분에는 여객을, 뒤쪽 부분에는 화물을 싣는다. 일반적으로 여객기나 화물전용기에서는 채산이 맞지 않는 일부 지방 노선이나 기타 특수성이 있는 노선에서만 운용된다.

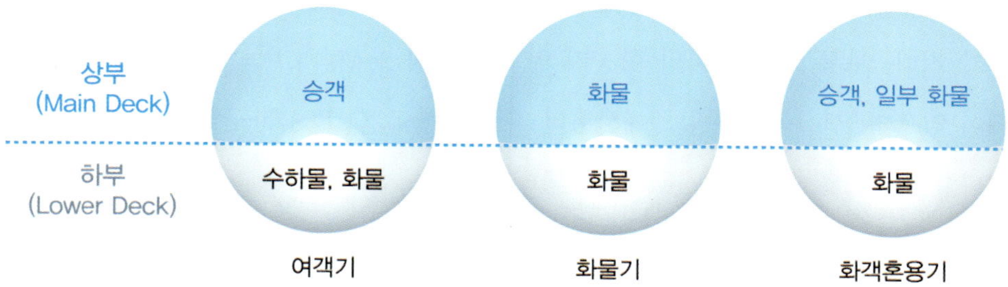

2. 항공기 크기에 따른 분류

1) 대형기

대형기는 최대이륙중량(Maximum Takeoff Weight, MTOW)이 115.6톤 이상인 항공기로, 여객기에서는 약 350명 이상의 승객을 탑승시킬 수 있는 통로(Aisle)가 두 개인 Wide-Body의 항공기를 말한다.

기종에 따라 항공기 양쪽에 각각 5~6개의 비상출구(Door)가 설치되어 있으며, 객실 구역(Zone)은 앞쪽에서부터 차례로 A, B, C, D, E 5개 구역(Zone)으로 구분되고, A Zone과 B Zone은 상위클래스로 운영된다.

대표적인 기종으로는 에어버스(Airbus)사의 A380과 보잉(Boeing)사의 B747-400, B777-300 등이 있다.

2) 중형기

중형기는 최대이륙중량(Maximum Takeoff Weight, MTOW)이 18.6톤을 초과하고 115.6톤 미만인 항공기로, 여객기에서는 약 200~350명의 승객을 탑승시킬 수 있는 통로(Aisle)가 2개인 Wide-Body의 항공기를 말한다.

대형기와 마찬가지로 통로(Aisle)가 2개지만 대형기에 비해 비상출구(Door)의 수가 적다. 보통 기종에 따라 항공기 양쪽에 각각 3~4개의 비상출구(Door)가 설치되어 있으며, 객실구역은 앞쪽에서부터 차례로 A, B, C, D 4개 구역(Zone)으로 구분된다.

대표적인 기종으로는 에어버스(Airbus)사의 A300-600, A330, A340과 보잉(Boeing)사의 777-200, B767-300, B767-400 등이 있다.

3) 소형기

소형기는 최대이륙중량(Maximum Takeoff Weight, MTOW)이 18.6톤 미만인 항공기로, 여객기에서는 약 100~180명의 승객을 탑승시킬 수 있는 통로(Aisle)가 1개인 Narrow-Body의 항공기를 말한다.

기종에 따라 항공기 양쪽에 각각 2~3개의 비상출구(Door)가 설치되어 있으며, 일반적으로 객실의 구역(Zone)을 나누기보다는 항공기 전방과 후방 개념으로 근무구역을 나눈다. 다만 항공사에 따라 A Zone과 B Zone으로 구분하기도 한다.

대표적인 기종으로는 에어버스(Airbus)사의 A320과 보잉(Boeing)사의 B737, 포커(Forker)사의 F100 등이 있다.

3. 항공 목적에 따른 분류

1) 단거리용 항공기

124mile(200km) 이하의 단거리 비행에서 사용되는 항공기로, 좌석 수는 보통 12~60석 정도이다.

2) 중거리용 항공기

3,000mile(4,828km) 이하의 중거리 비행에서 사용되는 항공기로, 좌석 수는 100~160석(B727은 180석까지 수송 가능) 정도이다.

3) 장거리용 항공기

3,000~7,000mile(4,828~11,265km) 범위의 장거리 비행에서 사용되는 항공기로, 좌석 수는 보통 180~550석 정도이다.

4) 특수목적용 항공기

말 그대로 특수한 목적을 위해 사용되는 항공기로, 헬리콥터(Helicopter), 수상비행기(Hydroplane), 그리고 수상과 육상에서 모두 이 · 착륙이 가능한 수륙양용기(Amphibian)가 이에 해당된다.

[헬리콥터(Helicopter) & 수륙양용기(Amphibian)]

4. 비행원리(공기와의 비중)에 따른 분류

1) 경항공기(Lighter-than-air aircraft)

경항공기(Lighter-than-air aircraft)는 공기보다 가벼운 항공기로, 공기보다 비중이 가벼운 기체(수소가스, 헬륨가스, 열공기 등)를 밀폐된 주머니에 밀봉해 그 부력(물체가 물이나 공기 중에서 뜰 수 있게 해 주는 힘)으로 공중에 뜨는 항공기를 말한다.

이러한 원리에 동력장치를 장착한 것이 비행선(Airship)이고, 동력장치 없이 자유로이 부양하여 비행하도록 한 것이 기구(Ballon)이다.

2) 중항공기(Heavier-than-air aircraft)

중항공기(Heavier-than-air aircraft)는 공기보다 무거운 항공기로, 날개에 작용하는 양력(Lift)을 이용하여 비행하는 항공기를 말한다.

중항공기(Heavier-than-air aircraft)는 날개가 동체에 완전히 고정된 고정익 항공기와 날개가 회전하는 회전익 항공기로 구분할 수 있는데, 고정익 항공기 중 동력장치가 있는 것이 비행기(Airplane)이고, 동력장치가 없는 것이 활공기(Glider)이다.

5. 추진장치(엔진)에 따른 분류

1) 제트기(Jet Plane)

제트기(Jet Plane)는 제트엔진(jet engine)을 사용해 비행하는 항공기로, 시속 900km 이상으로 운항할 수 있다.

제트기(Jet Plane)는 빠른 속도와 안락함을 제공할 뿐만 아니라 프로펠러(Propeller)

항공기들이 사용하는 피스톤엔진보다 정비와 관리가 수월하고 장시간 동안 운항할 수 있어 대부분의 중·장거리 노선에 이용된다.

[제트기(Jet Plane)]

2) 프로펠러기(Propeller Plane)

프로펠러기(Propeller Plane) 항공기는 프로펠러를 돌려 비행하는 항공기로, 제트기(Jet Plane)보다 느리고 낮은 상공에서 비행한다.

일반적으로 프로펠러기(Propeller Plane)가 제트기(Jet Plane)보다 성능이 떨어진다고 생각하기 쉽지만 실제로는 제트엔진(jet engine)에 비해 속도가 느린 것을 빼고는 상당히 우수하고 효율적이라고 할 수 있다.

최근에는 단거리 운항을 주로 하는 항공사의 증가로 새로운 프로펠러기(Propeller Plane) 제작이 활성화되고 있다.

[프로펠러기(Propeller Plane)]

6. 비행 속도에 따른 분류

1) 아음속기(Subsonic Transport)

최대 속도가 음속(소리가 퍼져나가는 속력) 이하인, 즉 마하(Mach) 0.75 이하의 속력으로 비행하는 항공기로, 현재까지 모든 프로펠러기(Propeller Plane)가 이에 해당된다.

2) 천음속기(Transonic Transport)

아음속과 초음속의 특성이 혼재되어 있는, 즉 음속보다 빠르고 느린 영역의 경계인 마하(Mach) 0.75 이상, 1.2 이하의 속력으로 비행하는 항공기로, 콩코드(Concorde)와 같은 SST(Supersonic Transport)를 제외한 대부분의 민간 항공기가 이에 해당된다.

3) 초음속기(Supersonic Transport)

음속보다 빠른 속도로 비행하는 제트기(Jet Plane), 즉 마하(Mach) 1.2 이상, 5 이하의 속력으로 비행하는 항공기로, 콩코드기(Concorde)가 이에 해당된다.

4) 극초음속기(Hipersonic Transport)

초음속에서도 속도가 매우 높아진 마하(Mach) 5 이상의 속력으로 비행하는 항공기로, 대륙 간 탄도 미사일이나 지구에 재돌입할 때의 우주왕복선이 이에 해당된다.

7. 이 · 착륙 방식에 따른 분류

1) 수직 이착륙기(Vertical Take-off and Landing Plane, VTOL)

이 · 착륙할 때 활주하지 않고 수직으로 이륙 · 상승 및 하강할 수 있는 항공기로, 단거리 이착륙기(Short Take-off and Landing Plane, STOL)와 함께 총칭하여 'V/STOL기'라고 한다.

2) 단거리 이착륙기(Short Take-off and Landing Plane, STOL)

활주 거리가 아주 짧고 좁은 비행장에서 이 · 착륙할 수 있도록 만든 항공기로, 보통 '스톨기'라고 부른다. 상승 성능은 좋게 하고 활주 거리는 최대한 단축시켜 통상 500m 이하의 짧은 활주로를 사용한다.

[수직 이착륙기(VTOL)]

[단거리 이착륙기(STOL)]

3) 전통적 이착륙기(Conventional Take-off and Landing Plane, CTOL)

일반적으로 알고 있는 방식으로 이 · 착륙 하는 보통의 항공기로, 수직 이착륙기(VTOL)/단거리 이착륙기(STOL)와 구분하기 위해 전통적 이착륙기(Conventional Take-off and Landing Plane, CTOL) 또는 수평 이착륙기(Horizontal Take-off and Landing Plane, HTOL)라고 부른다.

8. 날개 형태에 따른 분류

1) 고정익 항공기(Fixed Wing Aircraft)

동체에 날개가 고정되어 있는 형태의 항공기로, 고정된 날개 면에서 발생시키는 양력(Lift)으로 이륙하는데 대표적으로 비행기(Airplane)와 활공기(Glider)가 이에 해당된다.

고정익 항공기(Fixed Wing Aircraft)가 상공에서 계속 비행하기 위해서는 일정 속도 이상으로 비행하여 양력(Lift)을 유지해야 하기 때문에 상공에 떠 있는 상태에서 정지해 있는 제자리 비행(Hovering)과 수직 상승 및 하강은 불가능하다.

2) 회전익 항공기(Rotary Wing Aircraft, Rotorcraft)

고정된 날개 없이 날개가 회전하는 형태의 항공기로, 회전하는 날개에 의해 비행에 필요한 양력(Lift)의 전부 혹은 일부가 발생되는데 대표적으로 헬리콥터(Helicopter)가 이에 해당된다.

넓고 긴 활주로가 필요한 고정익 항공기(Fixed Wing Aircraft)와는 달리 회전익 항공기(Rotorcraft)는 활주로 없이도 어디서나 회전하는 날개의 힘만으로 공중에 부양할 수 있다는 장점이 있어 다양한 용도로 활용되고 있다.

9. 날개 위치에 따른 분류

1) 고익기(High Wing Airplane)

주날개가 항공기 동체 중심축보다 상부에 위치한 항공기로, 비행 중 지표면으로의 시야확보가 잘 되고 무게중심의 위치가 날개보다 낮아 비행 안정성이 좋다.

주로 기동성을 많이 필요로 하지 않는 수송기 등에 많이 이용되고, 외부 교란에 대한 복원성이 뛰어나기 때문에 초급 연습기로도 많이 사용된다.

대표적인 고익기(High Wing Airplane)로는 군용 수송기인 C-130 항공기가 있다.

2) 중익기(Mid Wing Airplane)

고익기(High Wing Airplane)와 저익기(Low Wing Airplane) 중간 형태의 항공기로, 고익기의 비행 안정성과 저익기의 기동성이라는 장점을 함께 갖고 있다.

비행 시 시야 확보에도 유리하며, 무게가 증가하더라도 비행 안정성을 유지하는데 용이하여 대부분의 전투기들이 이러한 형태를 취한다.

3) 저익기(Low Wing Airplane)

주날개가 항공기 동체 아래에 위치한 항공기로, 일반적인 여객기가 이에 속한다.

비행 안전성은 고익기(High Wing Airplane)에 비해 낮은 편이나 운동성은 좋아 기동성을 요하는 항공기에 많이 사용된다.

기동력과 빠른 속도로 인한 긴 착륙거리, 그리고 날개에 의해 가려진 지표면으로의 막힌 시야는 단점이라고 할 수 있으나 일반적으로 규모가 큰 여객기에는 이러한 단점이 크게 부각되지 않아 거의 모든 여객기와 일부 전투기들이 이러한 형태를 취한다.

10. 날개 개수에 따른 분류

1) 단엽기(Monoplane)

날개 개수가 1개인 항공기로, 다엽기(Multiplane)는 인접한 날개 사이에서 발생하는 공기 흐름의 간섭으로 인해 효율이 떨어지기 때문에 거의 모든 항공기는 특수한 용도를 제외하고는 속도가 빠르고 가벼운 단엽기(Monoplane)로 제작된다.

2) 복엽기(Biplane)

날개 개수가 2개인 항공기로, 한 날개 위에 다른 날개가 설치된 형태로 되어 있다.

라이트 형제가 제작한 동력비행기를 포함하여 초기 항공기들은 대부분 복엽기(Biplane)가 많았으나 뛰어난 조종 실력에도 불구하고 가볍고 속력이 빠른 단엽기(Monoplane)의 장점을 따를 수 없어 제2차 세계대전 이후에는 농약 살포나 곡예비행 등과 같은 특수한 용도로만 사용되고 있다.

[단엽기(Monoplane)]

[복엽기(Biplane)]

3) 다엽기(Multiplane)

날개 개수가 3개 이상인 항공기로, 대표적인 항공기로는 날개가 3개인 포커 삼엽기가 있다.

[다엽기(Multiplane)]

2절 주요 항공기 제작사

제2차 세계대전 이후 제트기(Jet Plane)의 등장으로 민간항공 수송은 비약적인 발전을 이룩하였다. 신기종 개발을 목표로 항공 산업이 전 세계적으로 빠르게 발전하는 과정 속에서 치열한 경쟁은 일부 항공기 제작사들을 도태시켰고, 군소항공사들을 인수 합병하는 등의 방식으로 오늘날의 항공기 시장은 거대 항공기 제작사인 미국의 'The Boeing Company'와 유럽연합의 'Airbus Industrie(Airbus SE)'로 양분화되었다.

막대한 자본과 최첨단의 기술이 요구되는 항공 산업의 특성상 두 거대 항공기 제작사의 항공기 시장 독점은 앞으로도 상당 기간 유지될 것으로 예상된다.

1. Boeing

미국의 'The Boeing Company'는 시카고(Chicago)에 본사를, 시애틀(Seattle)에 대부분의 생산시설을 두고 있는 세계 최대 항공기 제작사이자 방위산업체이다.

보잉(Boeing)사는 1916년 'William E. Boeing'에 의해 설립되었는데 당시 최대 항공사였던 'PAN AM'과 함께 항공기 개발 및 제작에 뛰어들면서 성장하기 시작했다.

1938년 최초로 당시로서는 대형 수송기였던 'Boeing 314 Clipper'를 개발하였고,

1958년에는 최초의 민간 상업용 제트여객기(Commercial Jetliner)인 B707에 이어 B720, B727을 개발하였다.

이후 1967년에는 항공 역사상 최대의 베스트셀러(Best Seller) 항공기로 기록된 쌍발엔진의 중단거리용 항공기인 B737을 개발하였고, 1970년에는 최초의 사발엔진의 장거리용 대형기인 B747이 제작되어 운항을 시작하였다.

이어 1994년에는 B777을 선보였고 3년 후인 1997년에는 '맥도넬 더글라스(McDonnell Douglas Corporation)'사와 합병하였다.

2011년에는 최신 항공기 중 가장 최첨단 기술과 연료효율성을 자랑하는 '드림라이너(Dreamliner)'라는 애칭을 가진 초장거리용 항공기 B787을 선보였다.

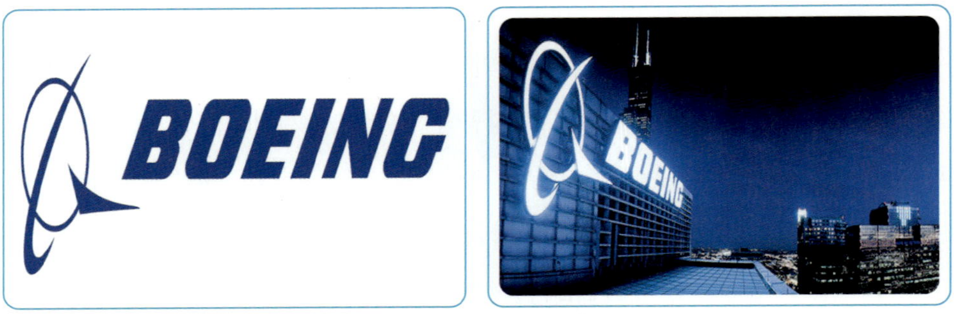

[Boeing 로고 & 본사]

2. Airbus

유럽의 다국적 기업인 'Airbus Industrie(Airbus SE)'는 당시 민간 여객기 시장에서 독주하던 'The Boeing Company', 'McDonnell Douglas Corporation', 'Lockheed Corporation' 등의 미국 회사에 대항하기 위해 설립된 연합 형식의 유럽 최대 항공기 제작사이자 방위산업체이다.

1967년 프랑스, 영국, 독일, 스페인 4개국이 300석 규모의 A300 기종을 제작하기로 양해각서에 합의하면서 시작되었으며, 1970년에 컨소시엄(Consortium) 형태로 공동출자하면서 정식으로 설립되었다.

2001년 국영기업에서 민간부문으로 민영화되었으며, 현재는 유럽 최대의 군수용 항공기 제작사인 'EADS'와 'BAE Systems'가 각각 80 대 20의 합작기업으로 남아 있다.

본사는 프랑스 툴루즈(Toulouse)에 있으며, 독일 함부르크(Hamburg), 영국 체스터(Chester), 스페인 마드리드(Madrid)에 주요 생산시설이 있고, 그 외에도 미국 앨라배마(Alabama), 중국 톈진(天津)에도 생산시설을 가지고 있다.

에어버스(Airbus)사는 항공기의 각 부품을 유럽의 각 거점 생산시설에서 제작하여 프랑스 툴루즈(Toulouse)와 독일 함부르크(Hamburg)에서 최종 조립하는 방식으로 항공기를 제작한다.

1972년 최초로 개발한 A300 항공기의 첫 비행을 시작으로 1982년에는 A310이 제작되었으며, 1984년에는 기존의 항공기들과 차별화되는 새로운 시스템인 플라이바이와이어(Fly by wire) 시스템을 장착한 A320을 선보였다.

이어 1987년에는 중장거리용 항공기인 A330을, 1991년에는 A340을 제작하였다.

또한 2007년에는 '하늘을 나는 비행기', '꿈의 비행기' 등으로 불리는 550석 규모의 초대형 더블 덱(Double Deck) 여객기인 A380이 첫 상업비행을 시작하면서 A380은 명실상부 보잉(Boeing)사의 B747 항공기와 함께 국제선 여객기의 상징 같은 존재였으나, 2019년 2월 판매 부진에 따라 2021년부터 생산을 중단할 것이라고 밝혀 아쉬움을 남기고 있다.

AIRBUS

[Airbus 로고 & 본사]

3절 항공기 기종별 제원

1. 항공기 제원의 이해

1) 전장(Length)

항공기 앞머리(Nose) 최전방에서 꼬리(Tail) 끝까지의 길이를 말한다.

2) 전폭(Wingspan)

항공기 왼쪽 날개(Left Wing) 끝에서 동체를 지나 오른쪽 날개(Right Wing) 끝까지의 길이를 말한다.

3) 전고(Overall Height)

지면에서부터 항공기의 가장 높은 지점까지의 전체 높이를 말한다.

4) 순항속도(Cruising Speed)

항공기가 최적의 연료 효율로 장시간 정상적인 운항을 계속하려고 할 때의 비행 속도를 말한다.

5) 순항고도(Cruising Altitude)

항공기가 안전한 비행을 하기 위해 유지해야 하는 적절한 해발고도를 말하며, 일반적으로 국내선 여객기의 순항고도는 22,000~28,000ft, 국제선 여객기는 26,000~39,000ft이다.

6) 항속거리(Range)

항공기가 주어진 조건 내에서 이륙 순간부터 탑재된 연료를 전부 소진할 때까지의 비행 거리를 말한다.

7) 이륙 중량(Takeoff Weight)

항공기가 설계상 또는 운영상의 한계를 벗어나지 않는 한도 내에서 물건을 적재하고 이륙할 수 있는 중량을 말한다.

2. 항공기 기종별 제원

1) Boeing

(1) B707

구분	내용
전장	46.61m
전폭	44.42m
전고	12.93m
순항속도	972km
최고 순항고도	11,000m
최대 항속거리	6,920km
최대 이륙 중량	151,320kg
최대 좌석수	150석

(2) B717(B717-200)

구분	내용
전장	37.8m
전폭	28.47m
전고	8.92m
순항속도	940km
최고 순항고도	11,280m
최대 항속거리	2,645km
최대 이륙 중량	49,900kg
최대 좌석수	106석

(3) B727

구분	내용
전장	46.69m
전폭	32.91m
전고	10.36m
순항속도	965km
최고 순항고도	12,200m
최대 항속거리	4,020km
최대 이륙 중량	95,030kg
최대 좌석수	180석

(4) B737(B737-800)

구분	내용
전장	39.48m
전폭	34.32m
전고	12m
순항속도	840km
최고 순항고도	12,496m
최대 항속거리	2,968km
최대 이륙 중량	79,016kg
최대 좌석수	164석

(5) B747

구분	내용	
	B747-200/300	B747-400
전장	70.66m	70.66m
전폭	59.64m	64.44m
전고	19.33m	19.41m
순항속도	916km	916km
최고 순항고도	13,747m	13,747m
최대 항속거리	11,324km	12,821km
최대 이륙 중량	377,842kg	396,890kg
최대 좌석수	385석	384석

(6) B757

구분	내용	
	B757-200	B757-300
전장	47.32m	54.47m
전폭	38.05m	38.05m
전고	13.56m	13.56m
순항속도	850km	850km
최고 순항고도	12,801m	12,801m
최대 항속거리	7,222km	6,287km
최대 이륙 중량	115,680kg	123,600kg
최대 좌석수	234석	289석

(7) B767(B767-300)

구분	내용
전장	54.94m
전폭	47.57m
전고	15.85m
순항속도	862km
최고 순항고도	13,137m
최대 항속거리	10,674km
최대 이륙 중량	158,760kg
최대 좌석수	350석

(8) B777

구분	내용	
	B777-200	B777-300
전장	63.74	73.86m
전폭	60.93	60.93m
전고	18.44	18.44m
순항속도	905	905km
최고 순항고도	13,137	11,095m
최대 항속거리	12,538	11,029km
최대 이륙 중량	247,200kg	299,370kg
최대 좌석수	440석	550석

(9) B787(B787-8)

구분	내용
전장	55.5m
전폭	58.80m
전고	16.5m
순항속도	903km
최고 순항고도	13,000m
최대 항속거리	15,700km
최대 이륙 중량	216,500kg
최대 좌석수	250석

2) Airbus

(1) A300(A300-600)

구분	내용
전장	54.08m
전폭	44.84m
전고	16.53m
순항속도	840km
최고 순항고도	12,192m
최대 항속거리	6,120km
최대 이륙 중량	165,000kg
최대 좌석수	292석

(2) A310

구분	내용	
	A310-200	A310-300
전장	54.62m	54.08m
전폭	44.66m	44.66m
전고	15.8m	15.8m
순항속도	860km	860km
최고 순항고도	12,500m	12,500m
최대 항속거리	8,000km	9,600km
최대 이륙 중량	141,974kg	164,000kg
최대 좌석수	275석	275석

(3) A320

구분	내용	
	A320-200	A321-200
전장	37.57m	44.51m
전폭	34.10m	34.10m
전고	11.76m	11.76m
순항속도	833km	833km
최고 순항고도	12,131m	12,131m
최대 항속거리	5,908km	5,000km
최대 이륙 중량	78,000kg	93,500kg
최대 좌석수	180석	220석

(4) A330

구분	내용	
	A330-200	A330-300
전장	58.82m	63.69m
전폭	60.30m	60.30m
전고	17.39m	16.83m
순항속도	883km	926km
최고 순항고도	12,527m	12,527m
최대 항속거리	10,421km	10,882km
최대 이륙 중량	238,000kg	233,000km
최대 좌석수	253석	295석

(5) A340(A340-300)

구분	내용
전장	63.69m
전폭	60.30m
전고	16.91m
순항속도	871km
최고 순항고도	12,500m
최대 항속거리	13,500km
최대 이륙 중량	276,500kg
최대 좌석수	440석

(6) A350

구분	내용	
	A350-900	A350-1000
전장	66.89m	73.88m
전폭	64.75m	64.75m
전고	17.05m	17.05m
순항속도	903km	903km
최고 순항고도	13,100m	13,100m
최대 항속거리	15,600km	16,100km
최대 이륙 중량	268,900kg	308,900kg
최대 좌석수	440석	475석

(7) A380

구분	내용
전장	72.72m
전폭	79.8m
전고	24.1m
순항속도	902km
최고 순항고도	13,100m
최대 항속거리	15,100km
최대 이륙 중량	560,000kg
최대 좌석수	555석

04

Chapter

비상 장비 I

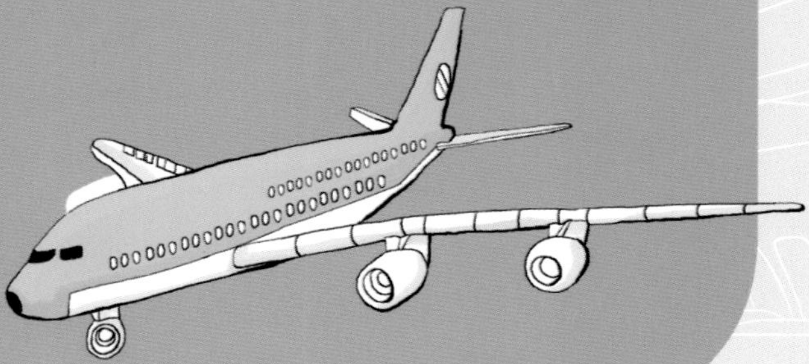

Chapter

04 비상 장비 I

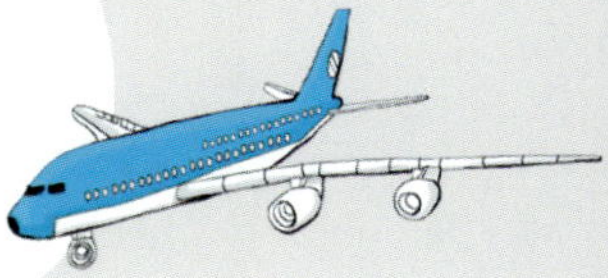

학습목표

1. 항공기 객실 안전규정에 따라 응급 의료 장비를 정확하게 점검할 수 있다.
2. 항공기 객실 안전규정에 따라 응급 의료 장비를 올바르게 사용할 수 있다.
3. 항공기 객실 안전규정에 따라 산소 공급 장비를 정확하게 점검할 수 있다.
4. 항공기 객실 안전규정에 따라 산소 공급 장비를 올바르게 사용할 수 있다.

1절 응급 의료 장비

항공기 객실 내에는 응급환자 발생 시 환자를 치료 및 보호할 수 있는 의료 장비들이 탑재되어 있다. 항공기에 탑재되어 있는 응급 의료 장비에는 Medical Bag, First Aid Kit(FAK), Emergency Medical Kit(EMK), Automated External Defibrillator(AED), Resuscitator Bag, Universal Precaution Kit(UPK), On Board Wheel Chair, Stretcher가 있다.

1. Medical Bag

1) 사용 목적

기내에서 가장 일반적으로 사용되는 상비약 가방으로, 매 항편 일정 직급 이상의 승무원(통상 객실사무장)이 비행 전 회사에서 수령하여 소지한 후 기내에 탑승한다.

일상적으로 복용 가능한 간단한 약품들을 필요로 하는 승객에게 사용하며, 제공 전에는 반드시 해당 약품에 대한 부작용 여부를 확인해야 한다.

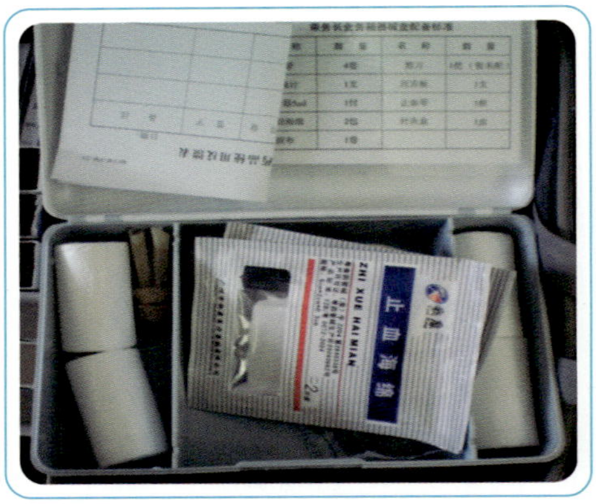

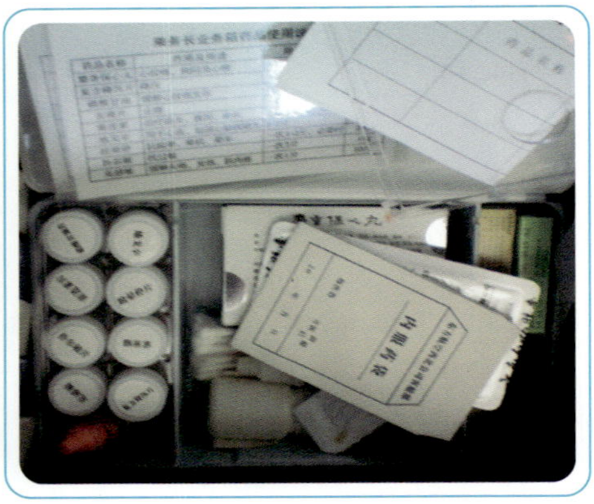

[Medical Bag 내부]

2) 내용물

항공사에 따라 내용물은 조금씩 상이하나 보통 멀미약, 두통약, 진통제, 소화제, 지사제, 일회용 반창고, 화상처치용 연고 등이 들어 있다.

2. First Aid Kit(FAK)

1) 사용 목적

응급환자 발생 시 구급조치를 할 수 있는 장비와 약품 등이 들어 있는 비상 의료함으로, 전문 의료인의 처방 없이 사용 가능하며, 「항공법」에 따라 기내에 반드시 의무탑재되도록 규정화되어 있다.

비행 중 질병이나 사고로 응급처치를 필요로 하는 승객에게 사용하며, 매 항편 봉인(Sealing)된 새 의료함이 객실 내에 탑재된다.

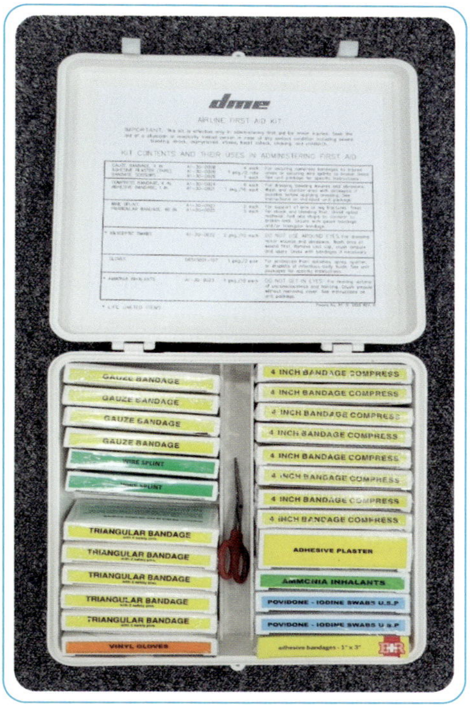

[FAK 외관 및 내부]

First Aid Kit(FAK)은 미연방항공국(Federal Aviation Administration, FAA) 규정에 의거 승객 좌석 수에 따라 기내 탑재량이 정해져 있다.

– 승객 좌석수 0~50석: 1개
– 승객 좌석수 51~150석: 2개
– 승객 좌석수 151~250석: 3개
– 승객 좌석수 250석 이상: 4개

2) 내용물

항공사에 따라 내용물은 조금씩 상이하나 보통 해열제, 진통제, 제산제, 소독 솜, 접착 밴디지, 거즈, 압박붕대, 부목, 삼각건, 외상 치료용 항생 연고, 의식 회복용 암모니아 흡입제, 항히스타민제, 전자체온계, 핀셋, 가위, 내부 의료품 사용설명서 등이 들어 있다.

3) 사용법

- Seal을 제거한 후 내부에 들어 있는 의약품을 사용한다.
- 사용 후 남은 의약품은 기존 보관 위치에 다시 넣어 보관한다.
- 사용 후 사용 내역을 기재한다.

4) 주의사항

- 해당 보관 구역(Zone) 객실 담당승무원은 비행 전 지상에서 정위치 여부, 수량, Seal 상태 등을 점검해야 하며, 만약 점검 시 미탑재 혹은 미봉인 상태를 발견했을 경우 즉시 객실사무장에게 보고하여 봉인(Sealing)된 새 의료함이 탑재될 수 있도록 조치해야 한다.
- 사용 시 반드시 객실사무장(항공사에 따라 기장)에게 보고한 후 사용해야 한다.

- 사용 후 반드시 사용 내역을 기재하여 다음 항편에서 새 의료함으로 교체될 수 있도록 해야 한다.
- 내용물은 철저히 보관해야 하며, 특히 먼지나 습기, 온도로부터 안전하게 보존될 수 있도록 관리해야 한다.

3. Emergency Medical Kit(EMK)

1) 사용 목적

응급환자 발생 시 전문적인 치료를 할 수 있는 의약품 및 의료기구 등이 들어있는 응급 의료함으로, 비행 중 전문 의료인이 환자의 상태를 진단하고 약물을 주사하거나 간단한 외과수술 등을 진행할 때 사용한다. 반드시 의사면허를 소지한 자만이 사용할 수 있으며, 안전 상 조종실(Cockpit) 내에 보관되어져 있다.

「항공법」에 따라 반드시 의무탑재되도록 규정화되어 있으며, 오랜 기간 'Banyan' 사에서 제작, 공급하여 '반얀 킷(Banyan Kit)'이라고 불리기도 한다.

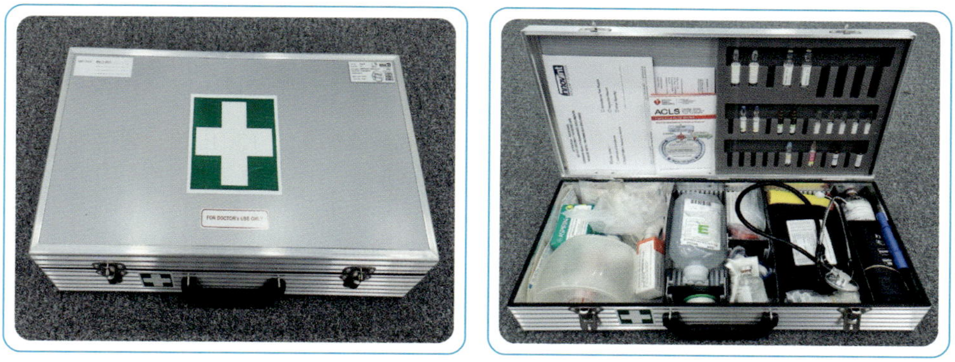

[EMK 외관 및 내부]

2) 내용물

항공사에 따라 내용물은 조금씩 상이하나 보통 진통제, 안정제, 이뇨제, 항히스타민제, 니트로글리세린 정제, 스테로이드제, 아드레날린제, 기관지 확장제, 심혈관 확장제, 항경련제, 자궁 수축제, 주사약제, 정맥주사용 포도당 등의 의약품과 혈압계, 체온계, 청진기, 맥박측정기, 지혈붕대, 삼각붕대, 일회용 주사기 및 주삿바늘, 도뇨관, 기도 유지 기구, 의료용 소독 장갑, 수술용 메스, 소독 가위, 핀셋 등의 의료장비와 그 외 약품 사용설명서 등이 들어 있으며, Emergency Medical Kit(EMK) 외관에는 내용물 List가 부착되어 있다.

3) 사용법

- 전문 의료인(의사면허를 소지한 자)의 요청이 있을 경우 기장에게 보고하고 조종실(Cockpit) 내에 보관되어 있는 Emergency Medical Kit(EMK)을 가져온다.
- Seal을 제거한 후 전문 의료인이 내부에 들어 있는 의약품과 의료장비를 사용할 수 있도록 한다.
- 사용 후 전문 의료인에게 Emergency Medical Kit(EMK) 내부에 들어 있는 진료기록지에 환자의 신상정보 및 상태, 응급처치 내용 등을 자세히 기록하도록 요청한다.
- 사용한 의료장비와 남은 의약품은 Emergency Medical Kit(EMK) 내부에 넣어 다시 봉인(Sealing)한 후 조종실(Cockpit) 내 보관 위치에 가져다 둔다.
- 진료기록은 승객 하기 시 지상의 의료진에게 인계한다.

4) 주의사항

- 사용 전 · 후 반드시 기장에게 보고해야 한다.

- 객실승무원은 사용할 수 없으며, 반드시 전문 의료인(의사면허를 소지한 자)만이 사용하도록 해야 한다. 단, 기내에 전문 의료인이 탑승하지 않았을 경우 필요 시 기장의 판단하에 일부 품목은 사용할 수 있다.
- 사용 후 반드시 사용 내역을 기재하여 다음 항편에서 새 의료함으로 교체될 수 있도록 해야 한다.
- 내용물은 철저히 보관해야 하며, 특히 먼지나 습기, 온도로부터 안전하게 보존될 수 있도록 관리해야 한다.

4. Automated External Defibrillator(AED)

1) 사용 목적

심장이 정지된 환자에게 순간적으로 고압의 전기충격을 가해 정상적인 심장 리듬을 되찾도록 도와주는 자동제세동 장비로, 심실세동이나 심실빈맥으로 심정지가 발생한 응급 환자의 심장박동이 정상으로 돌아오게 하고자 할 때 사용한다.

「항공법」에 따라 반드시 의무탑재되도록 규정화되어 있으며, 안전상 조종실(Cockpit) 내에 보관되어져 있다.

원래 전문 의료인(의사면허를 소지한 자)을 포함한 응급 구조사, AED 사용에 대한 일정 교육을 이수한 객실승무원만이 사용하도록 규정되어 있었으나 최근에는 사용에 대한 제한 규정이 완화되고 있는 추세이다.

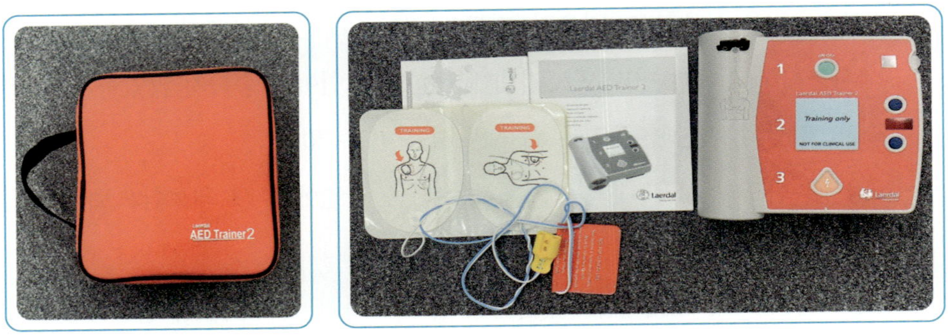

[AED 외관 및 내부]

2) 내용물

본체, 사용설명서, 일회용 면도기, 패드(Pad) 2개가 들어 있다.

3) 사용법

- Automated External Defibrillator(AED)의 덮개를 열고 전원을 켠다.
- 전원이 들어오면 자동적으로 사용법에 대한 안내 음성이 나온다.
- 기계에서 나오는 음성지시에 따라 노출시킨 환자의 상체에 패드(Pad)를 부착한다.
  - 패드(Pad) 두 장이 서로 대각선이 되도록 우측 쇄골 아래쪽에 한 장, 좌측 유두 바깥쪽 아래에 한 장을 부착한다.
- 패드(Pad)에 부착된 선을 기계에 연결한 후 환자에게서 조금 떨어진다.
- 기계에서 환자의 심장 리듬을 분석 중이라는 안내 음성이 나온다.
- 제세동이 필요하면 제세동 버튼을 누르라는 안내 음성이 나온다.
- 버튼을 누르기 전 주변 사람들에게 환자와 떨어지도록 다시 한 번 주의를 준 후 안내 음성에 따라 제세동 버튼을 누른다.
- 환자가 깨어나지 않으면 CPR(심폐소생술)과 번갈아서 반복 실시한다.

4) 주의사항

- 최근에는 사용에 대한 제한 규정이 완화되고 있는 추세이나 통상 전문 의료인, 응급 구조사, AED 사용에 대한 일정 교육을 이수한 객실승무원만이 사용할 수 있다.
- 배터리에 의해 작동되기 때문에 반드시 사전에 충전상태를 점검해야 한다.
- 오류가 발생할 가능성이 있으므로 기계가 환자의 심전도 상태 확인 시 환자와의 접촉을 피해야 한다.
- 감전의 우려가 있으므로 제세동 버튼 작동 시 환자와의 접촉을 피해야 한다.
- 감전 및 화상의 위험이 있으므로 패드(Pad) 부착 시 환자 신체에 습기와 털(체모)이 있는지 확인하고 사전에 제거해야 한다.
- 화상의 위험이 있으므로 환자가 착용하고 있는 액세서리 등의 금속 제품은 제거한 후 제세동을 시행해야 한다.

5. Resuscitator Bag

1) 사용 목적

심폐소생술(CPR) 및 구조호흡 시행 시 사용하는 보조기구로, 환자의 호흡을 유도하고, 추가적으로 산소를 공급하기 위해 사용하며, Emergency Medical Kit(EMK) 손잡이에 부착되어 있다.

[Resuscitator Bag]

2) 내용물

항공사에 따라 내용물은 조금씩 상이하나 보통 인공호흡용 Bag Valve Mask, 청진기, 체온계, 혈압계, 탈지면, 압박붕대, 얼음주머니, Universal Precaution Kit(UPK), 승객 건강 상태 CHK LIST 등이 들어 있다.

3) 사용법

- 환자를 평평한 장소에 똑바로 눕힌 후 입안의 이물질을 제거한다.
- 환자의 머리 위쪽에 위치하여 환자의 코와 입에 Bag Valve Mask를 씌운 후 엄지와 검지로 턱을 들어 올려 환자의 기도를 확보한다.
- 휴대용 산소통(PO$_2$ BLT)을 Bag Valve Mask에 연결한다.
- Bag Valve Mask를 코와 입에 완전히 밀착시킨 상태에서 Resuscitator Bag을 수축, 팽창시켜 공기를 불어 넣는다.
  - 보통 성인은 분당 12회, 소아나 유아는 분당 20회 정도 시행한다.
- 호흡 시마다 환자의 가슴이 위·아래로 움직이는지 확인한다.
- 지속적으로 환자의 상태를 체크한다.

6. Universal Precaution Kit(UPK)

1) 사용 목적

환자의 질병이나 오염물질로부터의 감염을 막기 위해 사용하는 보호 및 보관 장비로, 질병 전염의 가능성이 있는 환자의 체액이나 혈액에 직접적으로 접촉하는 것을 피하기 위해 사용하거나 환자와 접촉된 오염물을 안전하게 보관 후 폐기할 때 사용하며, Resuscitator Bag 안에 탑재되어 있다.

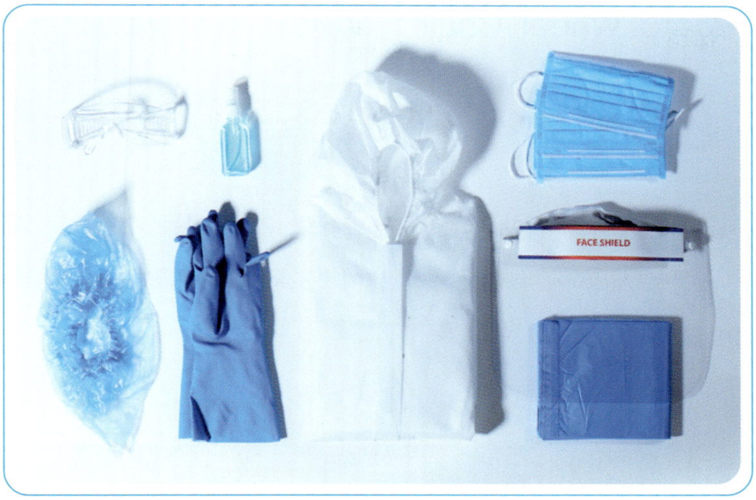

[UPK 내부 물품]

2) 내용물

마스크, 장갑, 보호 가운, 오염물 처리 봉투, 알코올 스펀지, 플라스틱 주걱, 밀봉용 Seal, 설명서 등이 들어 있다.

3) 사용법

- 마스크와 장갑, 보호 가운을 착용한다.
- 오염물을 오염물 처리 봉투 외부에 닿지 않도록 조심히 담은 후 밀봉(Sealing)한다.
- 오염물이 액체상태일 경우에는 오염물 위에 액체응고제를 뿌려 액체를 젤리 형태로 고형화시킨 후 플라스틱 주걱을 사용하여 봉투에 담아 밀봉(Sealing)한다.
- 착용한 마스크와 장갑, 보호 가운 등을 조심스럽게 벗어 다른 오염물 처리 봉투에 담고 밀봉(Sealing)한 후 화장실 쓰레기통에 버린다.

7. On Board Wheel Chair

1) 사용 목적

거동이 불편한 승객을 위한 기내용 휠체어로, 기내 이동 수단으로 사용된다.

좁은 기내 통로(Aisle)에서 이동하기 용이하도록 부피가 작고 가벼운 알루미늄 재질의 접이식 형태로 되어 있다.

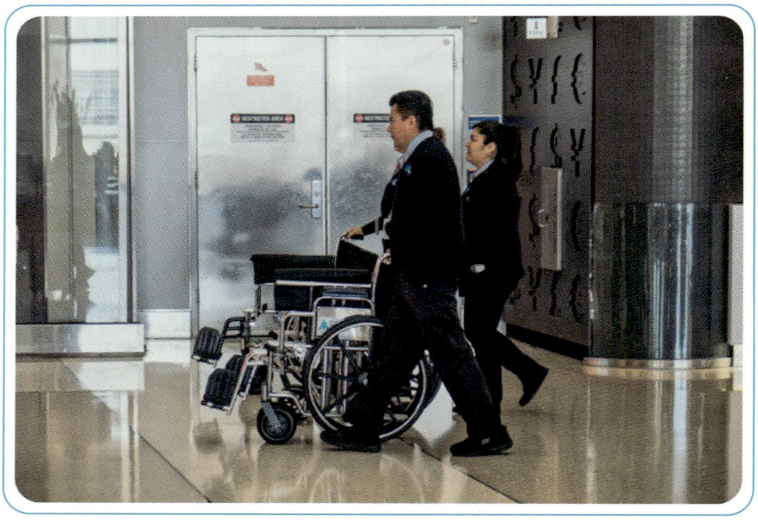

[On Board Wheel Chair]

2) 주의사항

- 거동이 불편한 승객이 탑승할 경우 미리 On Board Wheel Chair를 준비해 두어야 한다.
- 거동이 불편한 승객이 좌석에 착석하기 용이하도록 미리 Movable Armrest(움직이는 팔걸이)를 올려 두어야 한다.

- 주변 승객들이 장애 승객이라는 것을 인지하지 않도록 주의하여 응대해야 한다.
- 수시로 불편한 사항이 없는지 확인해야 한다.

8. Stretcher

1) 사용 목적

침대에 누워 여행을 해야 하는 환자를 위한 들것 형태의 환자용 침대로, 환자를 누운 상태로 운반하여 기내에 탑승, 하기시키고, 이 · 착륙을 포함한 전 비행과정 동안 기내에 누워 여행할 수 있도록 하는 데 사용한다. 필요 시 Stretcher 하단부에 의료용 산소공급장치를 설치할 수 있다.

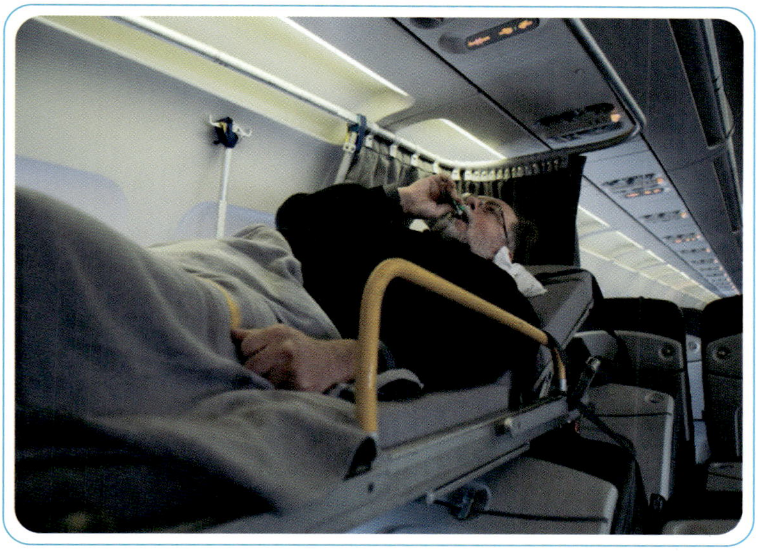

[Stretcher]

2) 주의사항

- Stretcher 승객은 기내 탑승 시 반드시 의사나 간호사와 같은 전문 의료인과 동행해야 한다.
- 빠른 이송과 환자 보호를 위해 Stretcher 승객은 가장 먼저 탑승, 하기하도록 해야 한다.
- 갑작스러운 Turbulence(기체요동) 발생 등을 대비하여 환자승객이 Stretcher에 완전히 고정될 수 있도록 보호벨트를 착용토록 해야 한다.
- 다른 승객들에게 직접적으로 노출되지 않도록 커튼을 이용하여 보호해야 한다.
- 수시로 불편한 사항이 없는지 확인해야 한다.

2절 산소 공급 장비

항공기 객실 내에는 운항 중 발생하는 응급상황 등에 대비하여 승객과 승무원의 생존에 필요한 산소를 공급해 주는 장비들이 장착 또는 탑재되어 있다.

항공기에 장착 또는 탑재되어 있는 산소 공급 장비에는 Portable Oxygen Bottle (PO_2 BLT), 화학 반응식 개별 산소공급장치, 탱크식 산소공급장치가 있다.

1. Portable Oxygen Bottle(PO_2 BLT)

1) 사용 목적

산소 공급을 필요로 하는 승객에게 신속히 산소를 공급하기 위한 휴대용 산소통으로, 비행 중 산소 공급이 필요한 응급 환자에게 응급처치 목적으로 사용한다. 또한, 기내 감압 발생 시 안전고도에 들어선 후 객실승무원이 승객의 상태를 확인하기 위해 객실 순회를 할 때 휴대하여 산소가 필요한 승객에게 제공하기도 한다.

Portable Oxygen Bottle(PO_2 BLT)은 Oxygen Mask(산소마스크)와 함께 승무원 좌석 주변에 비치되어 있다.

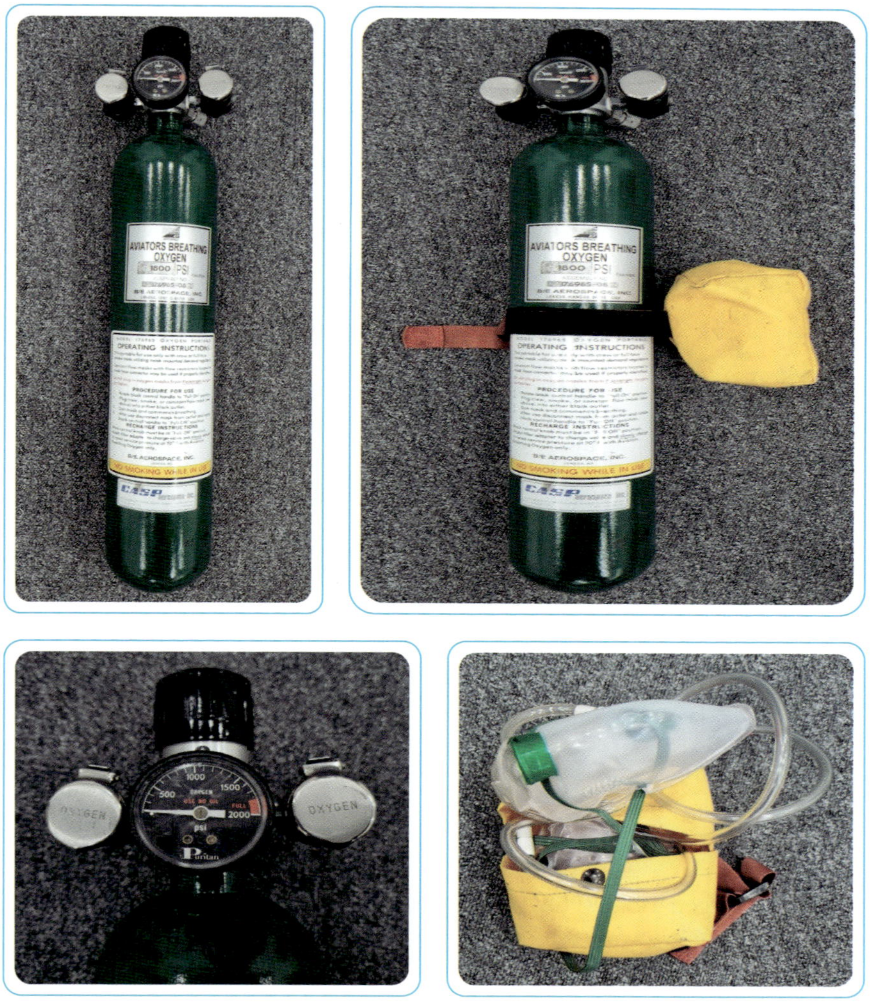

[PO_2 BLT & Oxygen Mask]

2) 기능 및 특징

- Portable Oxygen Bottle(PO_2 BLT)에는 High Position과 Low Position 2개의 Outlet이 있으며, 용도에 따라 Oxygen Mask Tube를 High 또는 Low Position Outlet에 끼워 사용한다.
- High Position Outlet은 분당 4ℓ(리터)씩 약 77분간 사용 가능하고, Low Position Outlet은 분당 2ℓ(리터)씩 약 154분간 사용 가능하다.
- 항공사에 따라 Oxygen Mask가 Portable Oxygen Bottle(PO_2 BLT)과 분리되어 별도로 밀봉된 채 탑재되기도 하고 신속한 사용을 위해 Oxygen Mask Tube가 Portable Oxygen Bottle(PO_2 BLT)에 연결된 채 탑재되기도 한다.
- Oxygen Mask는 산소 저장 Bag과 마스크 사이를 손으로 쥐어 산소 저장 Bag이 부풀어 오르는지 여부로 정상 작동 유무를 확인하는 Type과 튜브 중간에 장착된 Indicator가 초록색으로 나타나는지 여부로 확인하는 Type, 그리고 산소 저장 Bag 하단 부분에 Green Area가 부풀어 오르는지 여부로 확인하는 Type, 이렇게 3가지 Type이 있다.
- Oxygen Mask Fitting은 Oxygen Mask Tube Fitting Inlet을 Portable Oxygen Bottle(PO_2 BLT)의 Outlet에 살짝 누르면서 돌려 고정하는 Twist Type과 Oxygen Mask Tube Fitting Inlet을 Portable Oxygen Bottle(PO_2 BLT)의 Outlet에 소리 나게 밀어 넣어 삽입하여 고정하는 Push In Type이 있다.

3) 사용법

- Portable Oxygen Bottle(PO_2 BLT) Outlet에 Oxygen Mask Tube 끝의 Fitting을 강하게 끼워 넣는다.
- Portable Oxygen Bottle(PO_2 BLT)의 On/Off 밸브(Valve)를 시계 반대방향으로 끝까지 돌린다.

- Oxygen Mask Tube를 통해 산소가 정상적으로 공급되는지 확인한다. 저장 Bag과 Oxygen Mask 사이를 꽉 쥐었을 때 저장 Bag이 부풀어 오르면 산소가 정상적으로 공급되고 있음을 알 수 있다.
- Oxygen Mask를 코와 입에 대고 고무 밴드를 이용하여 머리에 고정한다.
- 산소가 지속적으로 공급되고 있는지 확인한다.

4) 주의사항

- 객실승무원은 비행 전 지상에서 정 위치 여부를 확인하고 산소 게이지(Gauge) 상태를 점검하여 용량이 충분한지 확인해야 한다.
- 기름 등이 묻은 손으로 Portable Oxygen Bottle(PO_2 BLT)을 사용하지 않아야 한다.
- Portable Oxygen Bottle(PO_2 BLT)은 주의해서 다뤄야 하며, 특히 떨어뜨리지 않아야 한다.
- Portable Oxygen Bottle(PO_2 BLT) 주위에서는 절대로 화기를 사용하지 않아야 한다.
- 비상상황에 대비하여 산소를 500PSI 정도 남겨두어야 한다.

2. 화학 반응식 개별 산소공급장치(Chemical Oxygen Generator)

1) 사용 목적

기내 산소발생기 가동장치에서 화학 반응을 일으켜 일정 시간 산소를 공급해 주는 장치로, 비행 중 여압장치 고장이나 동체 파손 등으로 인한 감압 발생 시 승객과 승무원에게 산소를 공급할 때 사용된다.

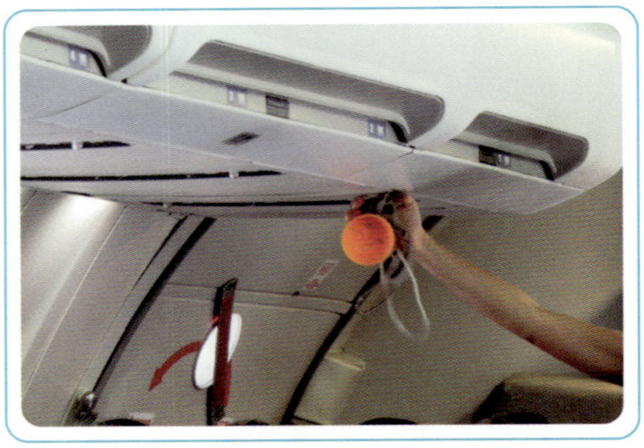

[산소공급장치]

2) 기능 및 특징

- 승객용 산소마스크는 승객 좌석 상단 Panel(Ceiling Compartment)에 장착되어 있으며, 유아를 동반한 승객을 위해 매 2열마다 한 개씩 여분의 산소마스크가 추가 장착되어 있다. 또한 기내 화장실(Lavatory) 천장에도 2개의 산소마스크가 장착되어 있다.
- 승무원용 산소마스크는 승무원 좌석(Jump Seat) 상단과 승무원 휴식공간(Bunk) 내에 장착되어 있다.
- 객실 고도가 약 14,000ft에 이르게 되면 승객 좌석 상단에 있는 Panel(Ceiling Compartment)에서 자동으로 산소마스크가 떨어지고 이 산소마스크의 줄을 잡아당기면 마스크에 연결되어 있던 Actuator(가동장치) Pin이 빠지면서 화학반응을 일으켜 산소를 발생시킨다.(해당 기종: A330, B777, B737)
- 분당 2ℓ(리터) 정도의 산소가 약 15분간 공급되며, 산소 공급이 시작되면 임의로 중단할 수 없다.

- 산소공급장치가 작동되면 열이 발생되기 때문에 객실 내 온도가 상승하고 타는 듯한 냄새가 난다.
- 항공기 고도가 10,000ft에 도달하면 산소 공급이 중단된다.

3) 사용법

- 객실 고도가 약 14,000ft에 이르면 승객 좌석 상단에 있는 Panel(Ceiling Compartment)이 자동으로 열리면서 산소마스크가 떨어진다.
- 산소마스크를 앞으로 잡아당겨 산소를 발생시킨다.
- 산소마스크를 코와 입에 맞게 신속히 착용한 후 호흡한다.
- 산소마스크가 자동으로 떨어지지 않을 경우 Manual Release Tool(승무원 좌석 하단에 비치)이나 머리핀과 같이 뾰족한 물건을 Panel(Ceiling Compartment) 구멍(hole)에 넣고 누르면 Panel(Ceiling Compartment)이 열리면서 산소마스크가 수동으로 내릴 수 있다.

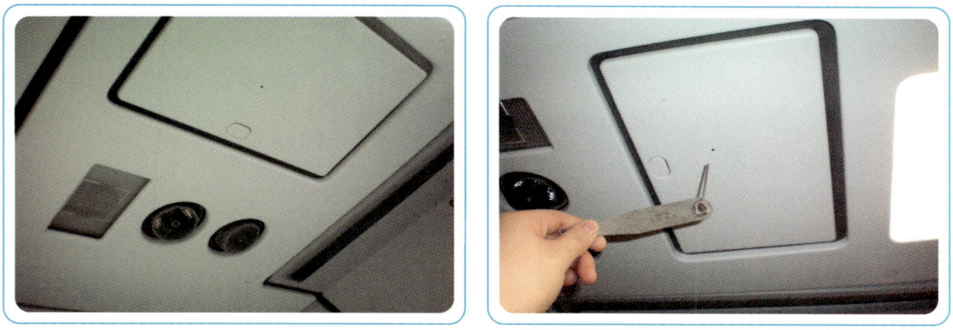

[Panel(Ceiling Compartment) & Manual Release Tool]

4) 주의사항

- 산소마스크를 스스로 사용하기 어려운 유아의 경우 보호자가 도움을 주어야

한다. 단, 반드시 보호자 본인이 먼저 착용한 후 도와야 한다.

- 화재 발생 가능성이 있으므로 사용한 산소마스크는 다시 Panel(Ceiling Compartment) 안에 집어넣지 않아야 한다.
- 객실 내에서 화기는 절대 사용하지 않아야 한다.

3. 탱크식 산소공급장치(Tank Oxygen Generator)

1) 사용 목적

항공기에 장착된 산소 저장 탱크(Tank)에서 자동으로 산소를 공급해 주는 장치로, 비행 중 여압장치 고장이나 동체 파손 등으로 인한 감압 발생 시 승객과 승무원에게 산소를 공급할 때 사용된다.

[산소공급장치]

2) 기능 및 특징

- 승객용 산소마스크는 승객 좌석 상단 Panel(Ceiling Compartment)에 장착되어 있으며, 승무원용 산소마스크는 승무원 좌석(Jump Seat) 상단과 승무원 휴식공간(Bunk) 내에 장착되어 있다. 그 외 기내 화장실(Lavatory) 천장에도 2개의 산소마스크가 장착되어 있다.
- 객실 고도가 약 14,000ft에 이르게 되면 항공기 동체 부분에 장착된 대용량의 산소 탱크로부터 승객 좌석 상단 Panel(Ceiling Compartment)에 있는 산소마스크로 산소가 자동 공급된다.(해당 기종: A380, B747, B787)

- 분당 2ℓ(리터) 정도의 산소가 약 15분간 공급되며, 항공기 고도가 10,000ft에 도달하면 산소 공급이 감소된다.
- 필요 시 조종실(Cockpit)에서 산소 공급을 조절하거나 차단할 수 있어 보통 객실 고도가 안전고도에 들어서면 조종실(Cockpit)에서 산소 공급을 중단한다.

3) 사용법

- 객실 고도가 약 14,000ft에 이르면 승객 좌석 상단에 있는 Panel(Ceiling Compartment)이 자동으로 열리면서 산소마스크가 떨어진다.
- 산소마스크에 자동으로 산소가 공급된다.
- 산소마스크를 코와 입에 맞게 신속히 착용한 후 호흡한다.
- 산소마스크가 자동으로 떨어지지 않을 경우 Manual Release Tool(승무원 좌석 하단에 비치)이나 머리핀과 같이 뾰족한 물건을 Panel(Ceiling Compartment) 구멍(hole)에 넣고 누르면 Panel(Ceiling Compartment)이 열리면서 산소마스크가 수동으로 내릴 수 있다.

4) 주의사항

- 산소마스크에 자동으로 산소가 공급되므로 산소마스크를 잡아당길 필요가 없다.
- 산소마스크를 스스로 사용하기 어려운 유아의 경우 보호자가 도움을 주어야 한다. 단, 반드시 보호자 본인이 먼저 착용한 후 도와야 한다.
- 객실 내에서 화기는 절대 사용하지 않아야 한다.

05
Chapter

비상 장비 II

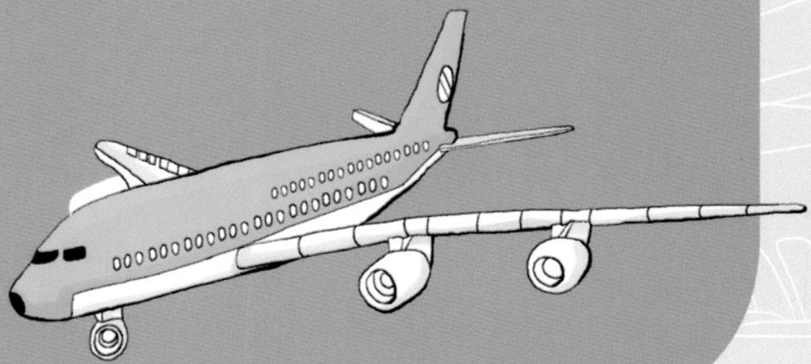

Chapter

05 비상 장비 II

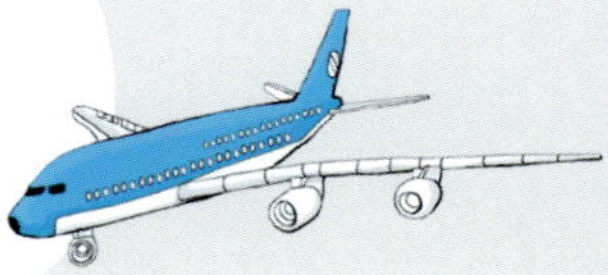

학습목표

1. 항공기 객실 안전규정에 따라 화재 예방 및 진압 장비를 정확하게 점검할 수 있다.
2. 항공기 객실 안전규정에 따라 화재 예방 및 진압 장비를 올바르게 사용할 수 있다.
3. 항공기 객실 안전규정에 따라 보안 장비를 정확하게 점검할 수 있다.
4. 항공기 객실 안전규정에 따라 보안 장비를 올바르게 사용할 수 있다.

1절 화재 예방 및 진압 장비

항공기 객실 내에는 운항 중 발생할 수 있는 화재를 예방하고 화재 발생 시 신속히 진압할 수 있는 장비들이 탑재되어 있다.

항공기에 설치 또는 탑재되어 있는 화재 예방 및 진압 장비에는 Fire Extinguisher, PBE(Protective Breathing Equipment), Smoke Detector, Circuit Breaker, Smoke Goggle, Crash Axe, Asbestos Gloves, Smoke Barrier 등이 있다.

1. Fire Extinguisher

기내 화재는 조기 발견과 조기 진화도 중요하지만 화재 진압 후 각종 설비들이 정상적으로 기능이 유지되도록 하는 것도 중요하기 때문에 객실승무원은 화재 진압 시 소화기 사용에 신중을 기해야 한다.

항공기 내에는 각종 화재 상황에 대비해 다양한 종류의 소화기가 탑재되어 있으므로 화재 유형에 맞게 적절한 소화기를 선택하여 사용할 수 있어야 한다.

기내에는 신속한 화재 진압을 위해 무게를 1kg 정도로 줄인 저중량 휴대용 소화기가 탑재되며, 가장 보편적으로 탑재되는 종류로는 H_2O 소화기와 Halon 소화기가 있다.

화재 유형

- A Type 화재: 종이, 목재, 섬유, 고무 등의 연소성 일반 화재
- B Type 화재: 기름, 알코올, 인화성 액체, 페인트 등의 유류 화재
- C Type 화재: 전기, 전자 장비 등의 전기 화재
- D Type 화재: 칼슘, 마그네슘, 티타늄 등의 가연성 화학제품 화재

1) H_2O 소화기

(1) 사용 목적

계면 활성제 등이 첨가된 물(H_2O)을 소화액으로 사용하는 소화기로, 주로 종이, 목재, 섬유 등의 화재인 연소성 일반 화재(A Type) 진화 시 사용된다. 또한, Halon 소화기로 1차 진화 후 잔열 및 잔불로 인한 재발화의 위험을 제거하는 데 사용되기도 한다.

(2) 기능 및 특징

- 가용 분사시간은 약 40초 정도이며, 유효 소화거리는 약 6m이다.
- 핸들(Handle) 속 CO_2 Cartridge 내에 있는 CO_2 압축가스에 의해 가압하는 방식으로 내부 소화액을 분사하며, 냉각 효과로 화재를 진압한다.

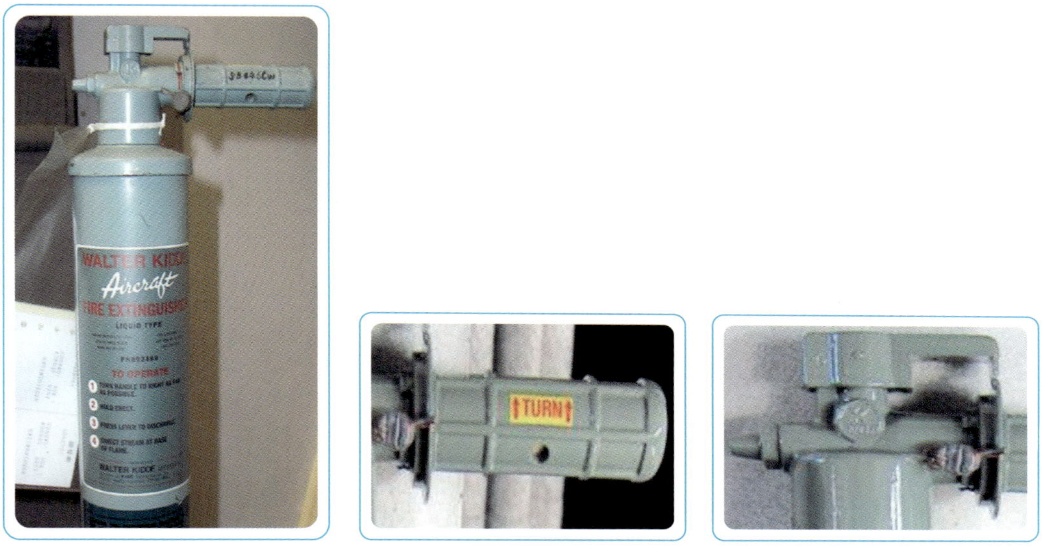

[H_2O 소화기]

(3) 사용법

- 철사로 된 봉인(Wire Sealing)이 끊어질 때까지 소화기의 핸들(Handle)을 시계 방향으로 돌린다.
- 소화기를 수직으로 바로 세운 후 노즐(Nozzle)을 화염 아래쪽으로 향하도록 한다.
- 소화기 상단의 레버(Lever)를 눌러 소화액을 분사한다.

(4) 주의사항

- 해당 보관 구역(Zone) 객실승무원은 비행 전 정위치 여부, Seal 상태 등을 점검해야 하며, 문제가 있을 경우 즉시 객실사무장에게 보고해야 한다.
  - 미 사용된 H_2O 소화기에는 철사로 된 봉인(Wire Sealing)이 감겨져 있으므로 Seal 상태 등으로 사용 유무를 판단한 후 필요 시 교체 탑재될 수 있도록 조치해야 한다.
- 화재 근원지로부터 너무 근거리에서 사용하면 불길이 번져 화상을 입을 우려가 있으므로 약 2~3m 정도 떨어진 거리에서 소화액을 분사해야 한다.
- 전기 화재(C Type)에 사용하면 감전 및 설비 고장의 위험이 있고, 유류 화재(B Type)에 사용하면 기름보다 비중이 큰 물로 인해 불길 확산의 위험이 있으므로 조종실(Cockpit) 및 주방(Galley) 내부 화재에는 절대 사용해서는 안 된다.
- 45° 이상 기울어지면 분사 기능이 떨어지므로 효과적인 진화 작업을 수행하기 위해서는 소화기를 똑바로 세워 사용해야 한다.
- H_2O 소화기의 내부 소화액에는 부동성(不凍性)을 유지하기 위한 계면 활성제 등이 첨가되어 있으므로 절대 음용해서는 안 된다.
- 화재 진화 후에도 혹시 모를 재발화의 가능성에 대비해 지속적으로 관심을 가져야 한다.

2) Halon 소화기

(1) 사용 목적

무색무취의 소화 가스인 할로겐화 탄화수소(Halogenated hydrocarbon)를 소화액으로 사용하는 소화기로, 기름, 알코올, 페인트 등의 화재인 유류 화재(B Type)나 전기, 전자 장비 등의 화재인 전기 화재(C Type)에 주로 사용되나 종이, 목재, 섬유 등의 화재인 일반 화재(A Type)에도 사용해도 된다.

외부로 방출되는 할로겐화 탄화수소(Halogenated hydrocarbon)가 비전도성을 가져 전기 화재 진압에 특히 효과적이며, 사용 후 특별한 흔적이 남지 않고 설비에 아무런 손상을 주지 않아 기내 화재 진압에 매우 적합하다.

기내에서는 신속한 화재 진압을 위해 모든 승무원 좌석(Jump Seat) 하단에 1개의 Halon 소화기가 비치되어 있다.

[승무원 좌석 하단에 탑재된 Halon 소화기]

(2) 기능 및 특징

- 가용 분사시간은 약 10~20초 정도이며, 유효 소화거리는 약 3m이다.
- 강한 압력을 가해 액화된 상태로 압축되어 있는 할로겐화 탄화수소(Halogenated hydrocarbon)가 화염 주변의 산소 유입을 일시적으로 차단하여 화재를 진압한다.

[Halon 소화기]

(3) 사용법

- 봉인된 Seal을 제거하고 안전핀(Safety Pin)을 뽑는다.
- 소화기를 수직으로 바로 세우고 노즐(Nozzle)을 화염 아래쪽으로 향하도록 한다.
- 핸들(Handle)과 상단의 레버(Lever)를 함께 움켜쥔 채 눌러 소화액을 분사한다.

(4) 주의사항

- 모든 승무원은 비행 전 승무원 좌석(Jump Seat) 하단에 비치되어 있는 Halon 소화기의 정상 탑재 여부, Seal 상태, 가스 충전도 게이지 상태 등을 점검해야 하며, 문제가 있을 경우 즉시 객실사무장에게 보고해야 한다.
  - 가스 충전도 게이지가 정상상태인 녹색 위치에 있는지 확인하고, 봉인된 Seal 상태 등으로 사용 유무를 판단한 후 필요 시 교체 탑재될 수 있도록 조치해야 한다.
- 보관 중에는 오작동 등으로 인한 안전사고를 방지하기 위해 안전핀(Safety Pin)이 끼워져 있다.
- 화재 근원지로부터 너무 근거리에서 사용하면 불길이 번져 화상을 입을 우려가 있으므로 약 2~3m 정도 떨어진 거리에서 소화액을 분사해야 한다.
- 화재 진화 효과는 매우 좋으나 분사 강도가 강하므로 주의해서 사용해야 한다. 특히 기름 화재 시 너무 근거리에서 분사하면 화원(火源)의 물질들이 사방으로 흩어져 2차 화재의 원인이 될 수 있으므로 주의해야 한다.
- 45° 이상 기울어지면 분사 기능이 떨어지므로 효과적인 진화 작업을 수행하기 위해서는 소화기를 똑바로 세워 사용해야 한다.
- 가용 분사시간이 비교적 짧으므로 사용 시 신중을 기해야 한다.
- 전기 화재 진화 시에는 가능한 한 먼저 전원을 차단한 후 소화기를 사용해야 한다.

- 필요 시 사람의 신체에 분사할 수는 있으나 사람에게 분사할 경우 질식의 위험이 있으므로 가급적 안면 부위에는 분사하지 않도록 주의해야 한다.
- 소화기 사용 시 발생하는 증기를 흡입하지 않도록 최대한 주의해야 한다.
- 화재 진화 후에도 혹시 모를 재발화의 가능성에 대비해 지속적으로 관심을 가져야 한다.

3) Heat Activated Halon Extinguisher(열감지형 소화기)

(1) 사용 목적

기내 화장실(Lavatory) 내부에 설치되어 있는 열감지 방식의 소화기로, 화장실 내에서 발생하는 화재를 자동으로 진화하기 위해 사용되며, 기내 화장실 휴지통 내부 상단에 설치되어 있다.

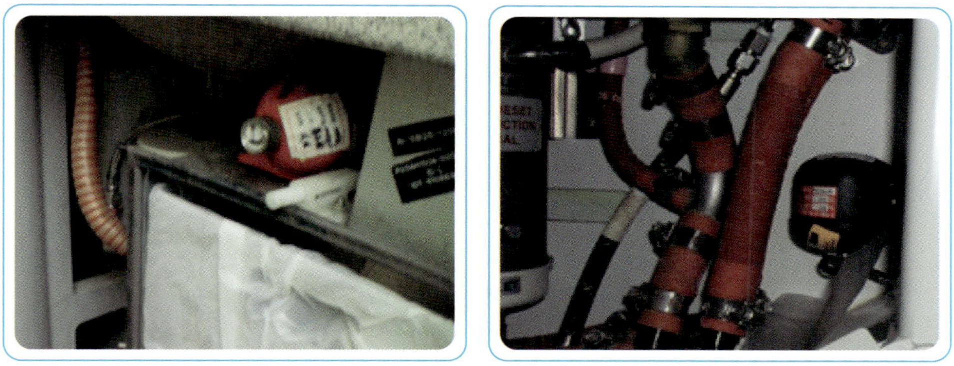

[열감지형 소화기]

(2) 기능 및 특징

- 화재로 인해 열감지 센서(Sensor)에 섭씨 80도 이상의 열이 감지되면 열감지형 소화기 내부에 내장된 Halon(할로겐화 탄화수소) 소화액이 자동으로 분사되면서 화재를 진압한다.

2. PBE(Protective Breathing Equipment)

1) 사용 목적

화재 진압 시 착용하는 호흡 및 안면보호 장비로, 기내 화재 진압 시 연기와 열, 유독가스로부터 호흡(산소 공급)과 안면을 보호하고 원활한 시야를 확보하기 위해 사용된다. 방염 소재로 진공 포장되어 기내 소화기 근처에 비치되어 있다.

2) 기능 및 특징

- 약 15분간 산소를 발생시킨다.
- 착용 시 목 부분에 라텍스 재질로 된 Neck Seal이 있어 외부로부터의 유독가스 유입을 막아준다.
- 착용 후 호흡하면 산화칼륨과 작용하여 화학반응에 의해 산소를 공급하는 방식(Puritan PBE)과 압축 산소발생장치(Oxygen Generator)를 통해 산소를 공급하는 방식(Avox PBE, 전 Scott PBE)이 있다.
  - 대부분의 기종에는 Puritan PBE가 탑재되고 일부 기종에만 Avox PBE(전 Scott PBE)가 탑재된다.
- PBE 착용 상태에서도 대화 및 인터폰 사용이 가능하다.
- 일반적으로 약 10년 정도 보존이 가능하게 설계되었으며, 보통 하드 케이스에 밀봉된 상태로 탑재된다.

(1) Puritan PBE

- 산소를 생성, 공급하는 산소발생장치(Oxygen Generator)가 설치되어 있다.

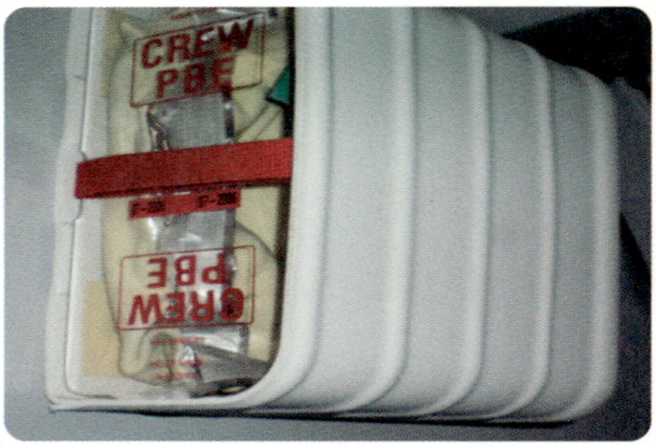

[Puritan PBE]

- PBE의 Hood에 달려 있는 조절 끈(Adjustment Strap)을 잡아당기면 호흡 시 발생되는 이산화탄소(CO_2)가 산화칼슘(KO_2)과 작용하면서 약 15분 정도 산소를 생성, 공급한다.

(2) Avox PBE(전 Scott PBE)

- 산소를 생성, 공급하는 산소발생장치(Oxygen Generator)가 설치되어 있다.
- 산소 강제방식으로 산소가 압축 산소발생장치를 통해 약 15분 정도 공급된다.

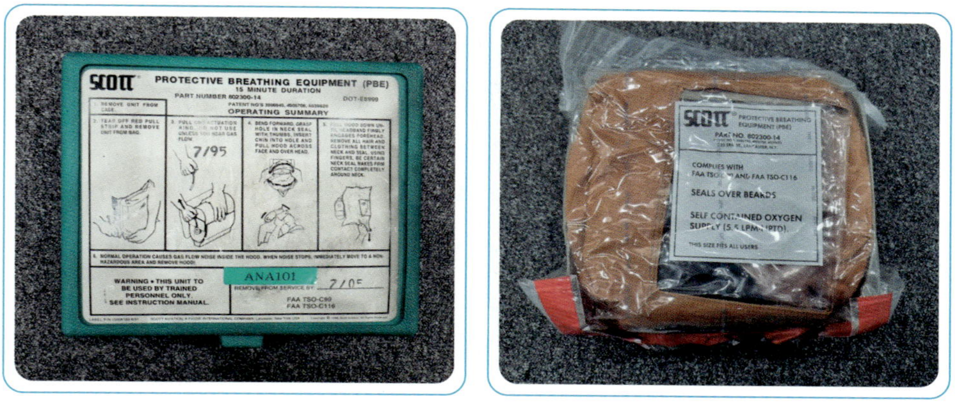

[Scott PBE]

3) 사용법

(1) Puritan PBE

- PBE를 포장에서 꺼낸다.
- Hood의 목 부분을 벌려 머리 위로 착용한 후 코와 입에 맞도록 조절한다.
- 양 옆의 조절 끈(Adjustment Strap)을 세게 당겨 산소를 발생시킨다.
- 조절 끈(Adjustment Strap)을 계속 당겨 내부 마스크를 코와 입에 완전히 밀착시킨 후 호흡한다.

(2) Avox PBE(전 Scott PBE)

- PBE를 포장에서 꺼낸다.
- 'Pull to actuate'라고 적힌 Ring을 당겨 산소를 발생시킨다.
- Hood를 양손으로 잡고 머리 위로 착용한다.
- Neck Seal을 당겨 맞게 조절한 후 호흡한다.

4) 주의사항

- 외부의 유독 가스가 PBE 안으로 들어올 수 있으므로 목 부분 Neck Seal이 목에 완전히 밀착되게 착용해야 하고, Neck Seal에 머리카락이나 옷깃이 끼이지 않도록 주의해야 한다.
- PBE 사용 시 순간적인 이명 현상이나 가벼운 두통이 발생할 수 있다.
- Puritan PBE의 경우, 사용시간 15분이 초과되어 산화칼슘(KO_2)이 모두 소진되면 Hood가 찌그러지면서 내부 온도가 급상승하는데 이때는 신속히 PBE를 벗어야 한다.
- Avox PBE(전 Scott PBE)의 경우, 사용시간 15분이 초과되면 산소가 공급되는 소리가 멈추고 내부 온도가 상승하는데 이때는 신속히 PBE를 벗어야 한다.
- PBE를 사용한 후에는 머리카락 속에 산소가 남아 있으므로 화기에서 멀리 떨어져 있어야 한다.

3. Smoke Detector

1) 사용 목적

기내 화재방지를 위한 연기탐지 장치로, 화재 발생 시 연기를 감지하여 경고음을 발신함으로써 화재발생 사실을 조기에 알려 신속한 화재 진압이 이루어질 수 있도록 도와주는 역할을 한다. 연기탐지기는 화장실(Lavatory)과 Crew Rest Bunk에 설치되어 있다.

2) 기능 및 특징

- 화장실 내부에서 일정한 농도 이상의 연기가 감지되면 고음의 경고음이 울린다.
- 경고음과 동시에 Smoke Detector 내의 Alarm Indicator Light가 녹색에서 적색으로 변경, 점등된다.
- 화재로 인한 연기뿐만 아니라 화장실 내에서의 흡연으로 인한 연기 발생 시에도 화재로 인식하여 작동된다.
- 한 번 작동하면 연기가 소멸될 때까지 혹은 인위적으로 조정할 때까지 지속적으로 작동된다.

[Smoke Detector]

4. Circuit Breaker

1) 사용 목적

전기 설비들의 전원을 차단해 주는 전기회로 차단기로, 전기 설비에 과부하가 발생하면 자동으로 전원을 차단해 화재를 방지하는 역할을 하며, 주방(Galley) 등 기내 전기 공급이 되는 장소에 설치되어 있다.

2) 기능 및 특징

- 전기 설비에 과부하 현상이 발생하면 Circuit Breaker가 자동으로 튀어나와 전원공급을 차단한다.
- 전원을 차단해야 하는 비상상황이 발생하면 수동으로 검은색 버튼을 당겨 뽑아 전원 공급을 중단시킬 수 있다.
- 과부하 현상이 해소된 후 검은색 버튼을 다시 밀어 넣으면 전원이 재연결된다.

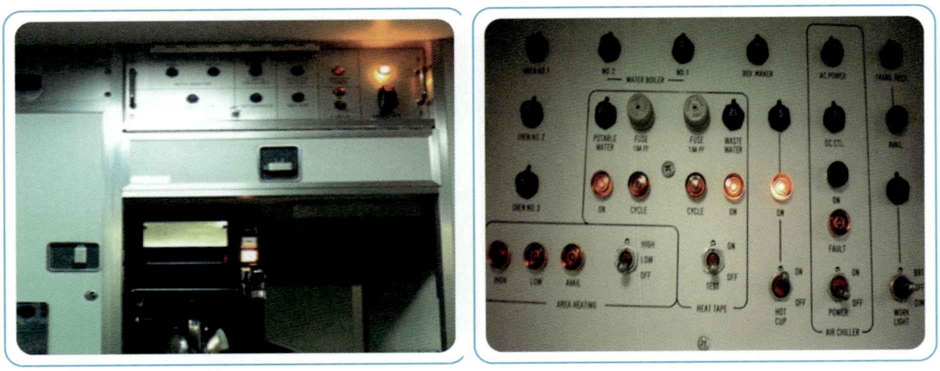

[Circuit Breaker Panel]

3) 주의사항

- 과부하 현상이 해소된 후 Circuit Breaker를 재연결시키고자 할 경우에는 반드시 기장에게 보고하여 승인을 얻은 후 연결시켜야 한다.
- Circuit Breaker의 재연결은 1회에 한해 가능하며, 재연결 시 다른 승무원들이 이를 인지할 수 있도록 반드시 알리거나 표시해 두어야 한다.
- 재연결한 Circuit Breaker가 다시 튀어나올 경우 또 다시 재연결하지 않아야 한다.

5. Smoke Goggle

화재 집압 시 착용하는 보호 안경으로, 화재 시 연기로부터 시야를 확보하거나 눈을 보호하기 위해 사용하며, 조종실(Cockpit) 내에 비치되어 있다.

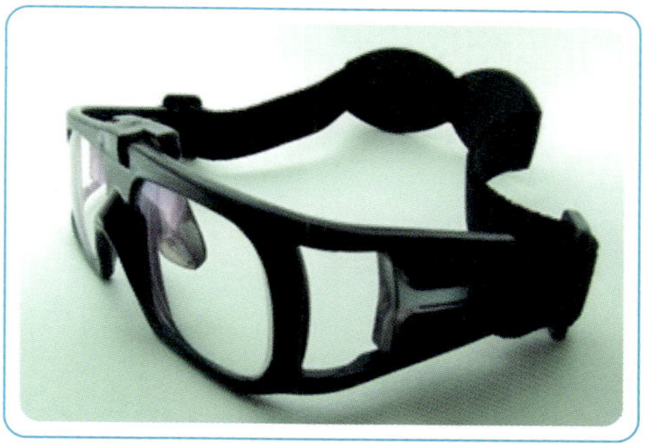

[Smoke Goggle]

6. Crash Axe

장애물 제거용 손도끼로, 화재 진압이나 탈출에 방해가 되는 객실 내 구조물을 제거할 때 사용한다. 약 15inch 정도의 길이로 손잡이 부분의 고무는 약 2만 볼트의 강력한 전류를 견디도록 되어 있다.

[Crash Axe]

Crash Axe는 기내 난동이나 항공기 납치(Hijacking) 시 범죄 도구로 사용될 가능성이 있기 때문에 안전규정상 조종실(Cockpit) 내에 비치되어 있다.

사용 시 기내 중요 설비들이 손상되지 않도록 유의해야 하며, 항공기 설비에 손상이 불가피할 경우 반드시 사전에 기장과 협의한 후 사용해야 한다.

7. Asbestos Gloves

불연성 소재인 석면을 입힌 장갑으로, 화재 진압 시 뜨거운 물체를 집어야 할 때 손을 보호하기 위해 사용하며, 조종실(Cockpit) 내에 비치되어 있다.

최근에는 발암물질인 석면을 입히지 않은 난연성 장갑으로 대체되어 탑재되는 경우가 많다.

8. Smoke Barrier

A380, B747과 같은 복층 구조의 대형 항공기에 장착되어 있는 연기 차단설비로, Main Deck Cabin에 화재가 발생했을 경우 연기와 유독가스가 계단을 통해 2층 객실(Upper Deck)로 유입되는 것을 막아주는 역할을 한다.

Smoke Barrier는 평상시 2층으로 올라가는 진입구 계단 벽면 Decorative Cover 안에 들어 있는데 화재 발생 시 Release Latch를 당기면 차단막이 펼쳐지면서 계단을 폐쇄해 2층으로의 연기와 유독가스 유입을 차단한다.

비상탈출 시에는 2층(Upper Deck)에 있는 비상출구(Door)를 이용한다.

2절 객실 보안 장비

항공기 객실 내에는 항공기 안전운항에 위해(危害)가 되는 승객의 기내 난동이나 항공기 납치(Hijacking) 등에 효과적으로 대응하기 위한 보안 장비들이 탑재되어 있다.

항공기에 설치 또는 탑재되어 있는 객실 보안 장비에는 조종실 Door 출입 장치, 비상벨, 테이저건(Taser Gun), 타이랩(Tie-Wrap), 포승줄, 방폭 매트, 방폭 조끼 등이 있다.

1. 조종실 Door 출입 장치

전 세계적으로 항공기를 이용한 납치(Hijacking) 및 테러의 위험성이 점점 높아짐에 따라 각국의 공항 및 항공사들은 항공안전을 위협하는 위험 요소들을 사전에 제거하고 승객의 안전을 지키기 위해 보다 강화된 보안 및 안전 검색을 진행하고 있다.

항공기가 안전하게 운항되기 위해서는 특히 조종실(Cockpit)은 어떠한 경우에도 보호되어야 하기 때문에 조종실(Cockpit) Door는 외부 침입자에 의한 접근이 불가능하도록 관련 시설과 출입 절차 등이 점점 더 강화되고 있는 추세이다.

현재 대부분의 항공기 조종실(Cockpit) Door는 웬만한 충격에는 큰 손상을 입지 않고 견딜 수 있을 정도로 방탄화되어 있으며, Door 상단 중간쯤에는 조망경(View Finder)이 설치되어 있어 조종실(Cockpit) 내부에서 외부 출입문 근처를 살펴볼 수 있도록 되어 있다. 일부 항공사의 항공기에는 조종실(Cockpit) 내 CCTV 화면을 통해 객실 전체 상황을 볼 수 있는 시스템(view-cabin system)이 갖춰져 있기도 하다.

조종실(Cockpit)은 출입이 허용된 자를 제외하고는 출입이 엄격히 통제된다. 통상 조종실(Cockpit) 출입이 허용된 자는 해당 항공편 운항승무원과 객실승무원, 출입허가증을 소지한 항공사 직원, 신분증을 소지한 항공안전 감독관 등이며, 이외에는 특별히 사전 인가를 받은 경우가 아니면 출입할 수 없다.

출입절차 강화 차원에서 조종실(Cockpit) 출입문에는 외부인이 쉽게 접근할 수 없도록 잠금 장치가 설치되어 있으며, 비밀번호를 입력해야만 열리도록 되어 있다. 심지어 최근에는 조종사의 지문인식(fingerprint recognition system)을 통한 출입 허용자만이 출입토록 하고 있는 항공사도 있다.

[조종실(Cockpit) Door]

비행 중 객실승무원의 조종실(Cockpit) 출입은 사전에 정해진 인터폰 암호를 통해 객실보안 상황이 확인된 후에야 조종실(Cockpit) 내부에서 출입문을 개방해 주도록 규정화되어 있다.

2. 비상벨

객실 비상상황을 조종실(Cockpit)에 알리는 비상연락 장치로, 비행 중 항공기 납치(Hijacking)나 테러와 같은 인적 요인에 의한 심각한 비상사태 발생 시 객실 상황을 비밀리에 조종실(Cockpit)에 알릴 때 사용한다.

[비상벨]

보통 비상벨은 객실승무원들이 주로

활동하는 주방(Galley)과 승무원 좌석(Jump Seat)에 설치되어 있다.

3. 테이저건(Taser Gun)

인체에 무해한 펄스 충격(Pulse Shock)을 발생시켜 대상을 순간적으로 무력화시키는 권총형 전기충격기로, 승객 및 승무원의 생명과 항공기의 안전을 위협하는 불법적인 행위를 제압할 때 가장 최후에 사용하는 비 살상용 무기이며, 승객과 승무원의 신체 및 생명에 위협을 가하거나 항공기 안전을 위태롭게 한다고 판단될 때 소정의 교육을 이수한 승무원에 한해 사용할 수 있다.

총기류인 테이저건(Taser Gun)은 안전 규정에 따라 조종실(Cockpit) 내에 탑재되며, 사용 전에는 반드시 기장의 허가를 받아야 하나 위급한 상황이라고 판단될 경우에는 선 사용 후 보고할 수도 있다.

[테이저건(Taser Gun)]

4. 타이랩(Tie-Wrap)과 포승줄

기내 난동 및 기타 불법 행위를 저지른 승객을 제압하고 구금할 때 사용하는 포박용 끈으로, 통상 타이랩(Tie-Wrap)은 수갑처럼 손과 발을 움직이지 못하도록 묶는 용도로 사용하고, 포승줄은 몸 전체를 포박하거나 좌석에 묶어 고정시키는 용도로 사용한다.

사용하기 전에는 반드시 기장의 허가를 받아야 한다.

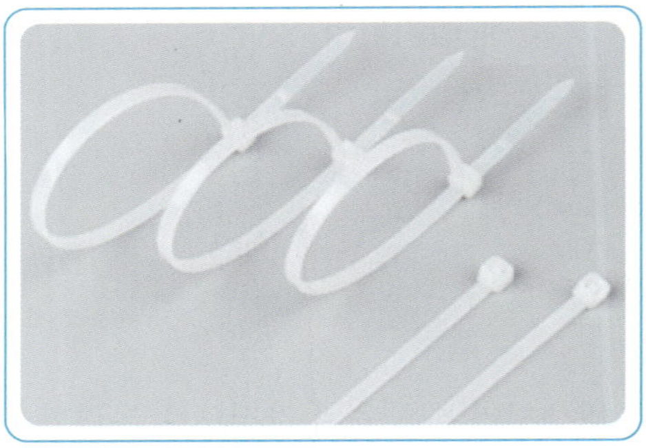

[타이랩(Tie-Wrap)]

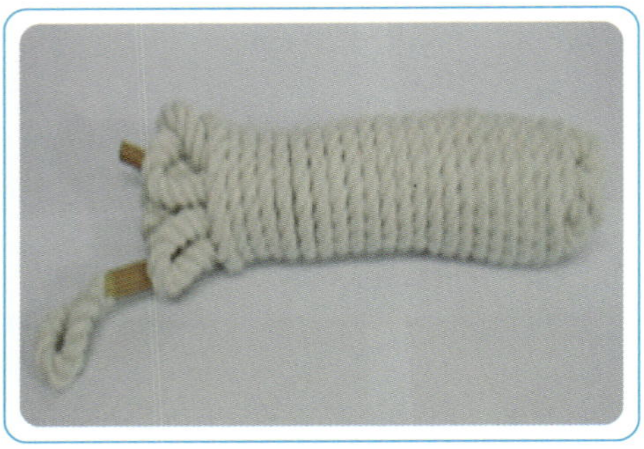

[포승줄]

5. 방폭 매트와 방폭 조끼

폭발물 처리 시 사용하는 방호 장비로, 기내에서 폭발물 발견 시 항공기 기체손상 및 승객과 승무원의 인명 피해를 최소화하기 위해 사용된다.

방폭 매트는 폭발물에 덮어 씌워 폭발물의 폭발력을 감소시키는 용도로 사용하며, 방폭 조끼는 객실승무원이 발견한 폭발물을 항공기 내 폭발물 피해 최소구역(Least Risk Bomb Location, LRBL)으로 옮길 때 최소한의 생명을 담보하기 위한 보호장구로 사용한다.

항공기를 지상에 착륙시킬 만한 시간적 여유가 없는 상황에서 비행 중 폭발물을 처리해야 할 경우, 기내 보안절차에 따라 객실사무장이 임명한 승무원은 방폭 조끼를 착용하고 폭발물을 항공기 운항에 치명적이지 않은 장소, 즉 폭발물 피해 최소구역(Least Risk Bomb Location, LRBL)으로 옮긴 후 그 위에 방폭 매트를 덮어씌운다. 그 다음 그 위에 기내에 비치되어 있는 담요와 베개, 그리고 승객들의 짐을 최대한 많이 올려 폭발력을 감소시키는 방법으로 피해를 최소화한다.

참고로 대부분의 항공기 가장 후방 우측 비상출구(Door)가 폭발물 피해 최소구역으로 알려져 있다.

[방폭 매트]

[방폭 조끼]

Chapter 06

비상 장비 III

Chapter

06 비상 장비 III

학습목표

1. 항공기 객실 안전규정에 따라 비상탈출 장비를 정확하게 점검할 수 있다.
2. 항공기 객실 안전규정에 따라 비상탈출 장비를 올바르게 사용할 수 있다.
3. 항공기 객실 안전규정에 따라 커뮤니케이션 장비를 정확하게 점검 할 수 있다.
4. 항공기 객실 안전규정에 따라 커뮤니케이션 장비를 올바르게 사용할 수 있다.

1절 비상탈출 장비

항공기 객실 내에는 운항 중 발생할 수 있는 비상착륙(비상 시 항공기가 육지에 내림) 및 비상착수(비상 시 항공기가 바다, 강, 호수 등에 내림) 상황에 대비하여 승객과 승무원의 안전 및 생존에 필요한 비상탈출 장비들이 탑재되어 있다.

항공기에 탑재되어 있는 비상탈출 장비에는 Escape Device(Slide, Life Raft, Slide/Raft), Survival Kit, Life Vest, ELT(Emergency Locator Transmitter), ELS(Emergency Light Switch), Flash Light, Megaphone 등이 있다.

1. Escape Device

비상상황 시 탈출을 위해 사용되는 Escape Device에는 Slide, Life Raft, Slide/Raft가 있다.

1) Slide

(1) 사용 목적

비상착륙 시 사용되는 탈출용 미끄럼대로, 승객과 승무원이 항공기로부터 지상으로 신속히 탈출해야 할 때 사용되며, 항공기 Door 하단 내부에 장착되어 있다.

(2) 기능 및 특징

- 비상착륙 시 사용되며, Single Lane과 Double Lane이 있다.
- 미연방항공국(FAA) 안전규정에 따라 비상 시 모든 승객과 승무원이 항공기로부터 90초 이내에 신속히 탈출할 수 있도록 항공기 Door를 여는 즉시 빠른 속도로 자동 팽창하여 미끄럼대 형태로 펼쳐진다.
- 비상착수 시 구명정(Raft)의 역할은 할 수 없으나 뒤집어서 부유장비(Floating Device)로 사용할 수 있다.

[Slide]

(3) 사용법

- Door Slide Mode가 팽창위치(Armed Position)인 상태에서 Door를 열면 Slide가 자동으로 팽창된다.
- 자동으로 팽창되지 않을 경우, Slide 끝에 있는 붉은색의 Manual Inflation Handle을 당겨 수동으로 Slide를 팽창시킨다.

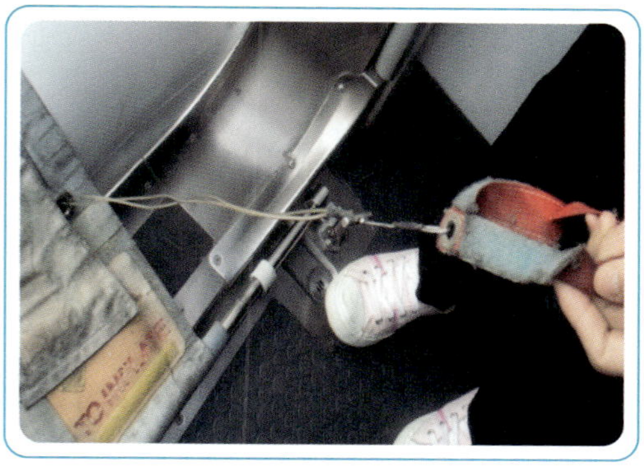

[Manual Inflation Handle]

(4) 주의사항

- 하이힐이나 액세서리와 같은 뾰족한 물건이 Slide에 손상을 가할 수 있으므로 탈출 시 모두 제거하고 탈출할 수 있도록 해야 한다.

2) Life Raft

(1) 사용 목적

비상착수 시 사용되는 구명정(Raft)으로, 항공기가 해상에 착수했을 때 승객과 승무원이 항공기로부터 탈출한 후 생존을 위해 탑승하는 부유물로 사용되며, 항공기 Door 주변 선반(Overhead Bin)에 탑재되어 있다.

(2) 기능 및 특징

- 비상착수 시 사용되며, 통상 50~60명 정도 탑승할 수 있다.
- 표류 시를 대비하여 신호 및 생존 장비 등이 들어 있는 Survival Kit이 장착되어 있다.

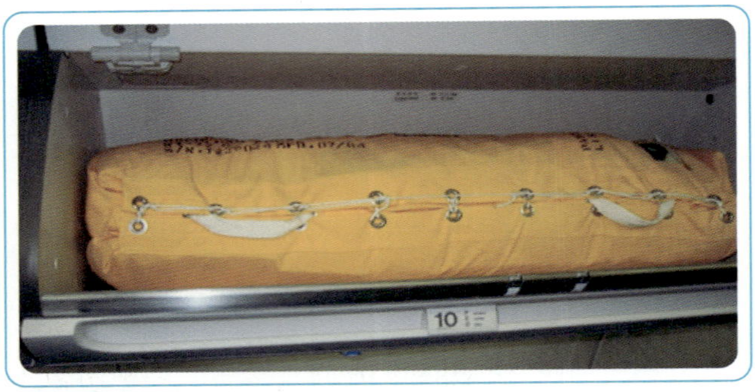

[Life Raft 탑재 모습]

[Life Raft에 탑승한 모습]

(3) 사용법

- 두 명의 협조자를 지정한 후 협조자들과 함께 보관되어 있는 선반(Overhead Bin)에서 Life Raft를 꺼낸다.
- Life Raft를 사용할 Door 또는 Window Exit로 옮긴다.
- Life Raft Carrying Case 옆면에 부착되어 있는 Mooring Line(연결 끈)을 탈출할 Door 또는 Window Exit 주변 고정된 구조물에 묶는다.
- Life Raft의 Carrying Case를 벗기지 않고 항공기 외부 물 위로 던진다.
- 물 위에 던져진 Life Raft는 자동으로 팽창되어 펼쳐진다.
- 자동으로 팽창되지 않을 경우, Mooring Line(연결 끈)에 부착되어 있는 Operating Handle을 세게 당겨 수동으로 팽창시킨다.
- 승객들을 Life Raft에 태운 후 Life Raft에 부착되어 있는 칼(Knife)을 이용하여

항공기와 연결된 Mooring Line(연결 끈)을 끊는다.

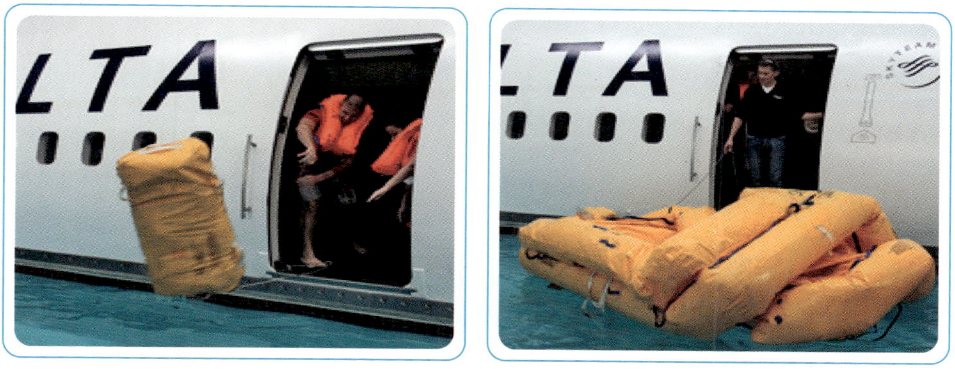

[Life Raft]

(4) 주의사항

- 비상착수 시 항공기가 침몰할 때 생기는 와류에 휩쓸리지 않기 위해서는 탈출 후 항공기로부터 가능한 한 멀리 벗어나야 한다.
- 항공기로부터 멀리 벗어난 후 Life Raft가 개별 표류하거나 전복되지 않도록 Life Raft들끼리 연결하여 안전을 도모해야 한다.

3) Slide/Raft

(1) 사용 목적

비상탈출 시 사용되는 미끄럼대이자 구명정으로, 비상착륙 시에는 항공기로부터 지상으로 탈출하는 미끄럼대로 사용하고 비상착수 시에는 항공기로부터 탈출한 후 생존을 위해 탑승하는 부유물로 사용한다. 항공기 Door 하단 내부에 장착되어 있다.

(2) 기능 및 특징

- Slide 기능과 Life Raft 기능을 모두 겸비하고 있어 비상착륙 및 비상착수 시에

모두 사용 가능하다.

- 비상착륙 시에는 미끄럼대로 사용하고 비상착수 시에는 기체로부터 분리하여 구명정(Raft)으로 활용한다.
- Double Lane으로 되어 있으며, 신호 및 생존 장비 등이 들어 있는 Survival Kit이 장착되어 있다.
- 대부분의 신기종에 장착되어 있다.

[Door 하단 내부에 장착된 Slide/Raft]

[Slide/Raft]

(3) 사용법

- Door Slide Mode가 팽창위치(Armed Position)인 상태에서 Door를 열면 Slide/Raft가 자동으로 팽창된다.
- 비상착수 시에는 Door 하단에 있는 Girt Bar 덮개를 들어 올린 후 흰색의 Ditching Release Handle(분리용 핸들)을 잡아당겨 항공기로부터 1차적으로 Slide/Raft를 분리시킨다.
- Slide/Raft에 부착되어 있는 칼(Knife)을 이용해 항공기와 연결된 Mooring Line (연결 끈)을 끊어 항공기로부터 Slide/Raft를 완전히 분리시킨다.

[Slide/Raft에 탑승한 모습]

(4) 주의사항

- 하이힐이나 액세서리와 같은 뾰족한 물건이 Slide/Raft에 손상을 가할 수 있으므로 탈출 시 모두 제거하고 탈출할 수 있도록 해야 한다.
- 비상착수 시 항공기가 침몰할 때 생기는 와류에 휩쓸리지 않기 위해서는 탈출 후 항공기로부터 가능한 한 멀리 벗어나야 한다.
- 항공기로부터 멀리 벗어난 후 Slide/Raft가 개별 표류하거나 전복되지 않도록 Slide/Raft들끼리 연결하여 안전을 도모해야 한다.

2. Survival Kit

비상상황으로 인해 항공기가 육지나 해상에 불시착했을 경우, 구조될 때까지 일정 기간 생존하기 위해서는 필수적으로 필요한 장비들이 있으며, Life Raft와 Slide/Raft에는 이러한 필수 장비들이 들어 있는 Survival Kit이 방수 처리된 상태로 장착되어 있다.

Survival Kit 내부에 들어 있는 장비는 크게 설치 · 수리용 장비(Sustaining Equipment), 신호용 장비(Signal Equipment), 생존용 장비(Survival Equipment)로 나눌 수 있다.

1) 설치 · 수리용 장비(Sustaining Equipment)

(1) Canopy

Life Raft나 Slide/Raft 위에 덮어씌우는 차단용 천막(차양)으로, 해상에서 비, 바람, 파도, 햇빛(직사광선) 등을 피하고 장시간 표류 시 추위와 더위를 막는 데 사용된다. 또 빗물을 모아 식수로 사용하는 데도 활용된다.

Canopy를 펴서 출구의 위치를 Boarding Station에 맞춘 후 Canopy의 가장자리와 Canopy Pole을 고정시켜 설치한다.

[Canopy]

(2) Canopy Pole

Canopy 설치 시 천막을 지지하는 기둥 역할을 하는 지지대로, Slide/Raft 팽창 시 자동으로 볼록하게 솟아오른다.

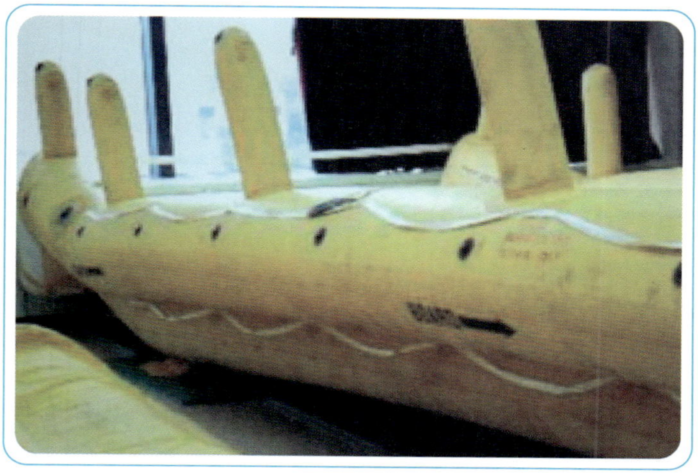

[Canopy Pole]

(3) Sea Anchor

Life Raft나 Slide/Raft가 파도나 풍랑에 전복되지 않고 안정적으로 유지될 수 있도록 도와주는 역삼각형 모양의 천으로 된 닻으로, Life Raft나 Slide/Raft가 사고 해역으로부터 멀리 이동하는 것을 방지해 주는 역할도 한다.

해상에서 항공기 침몰 시 생기는 와류에 휩쓸리지 않을 정도의 거리로 이동한 후 Life Raft나 Slide/Raft에 연결하고 물속에 집어넣으면 물속에서 저항을 일으켜 표류 속도를 늦춰준다.

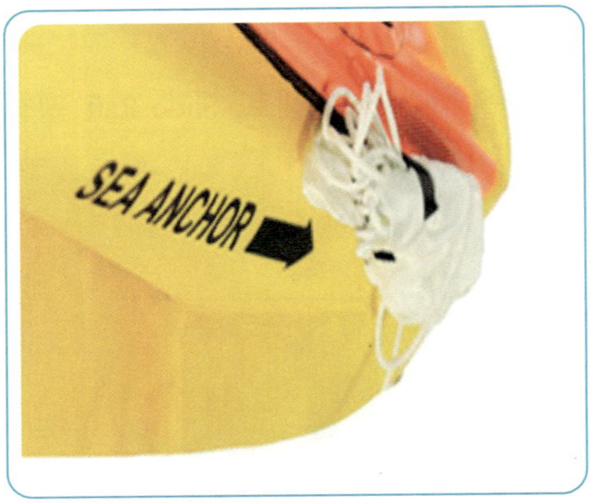

[Sea Anchor]

(4) Hand Pump

아코디언 형태의 접이식 공기주입용 펌프로, 외부 손상 등으로 인해 공기가 빠진 Life Raft나 Slide/Raft 튜브(Tube)에 공기를 주입하는 데 사용되며, Life Raft나 Slide/Raft의 부유력을 유지하는 데 도움을 주는 역할을 한다.

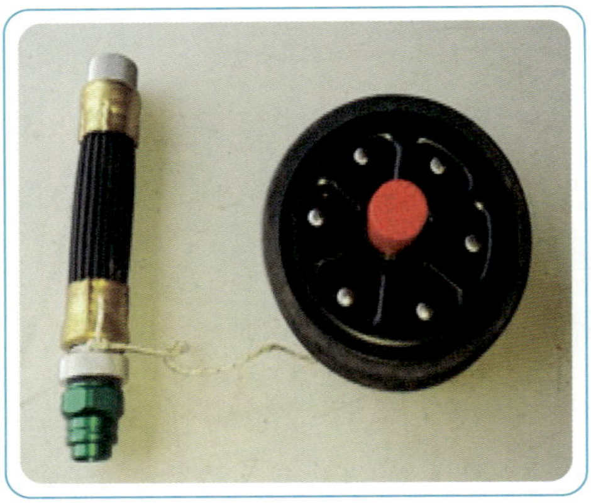

[Hand Pump]

(5) Repair Clamp

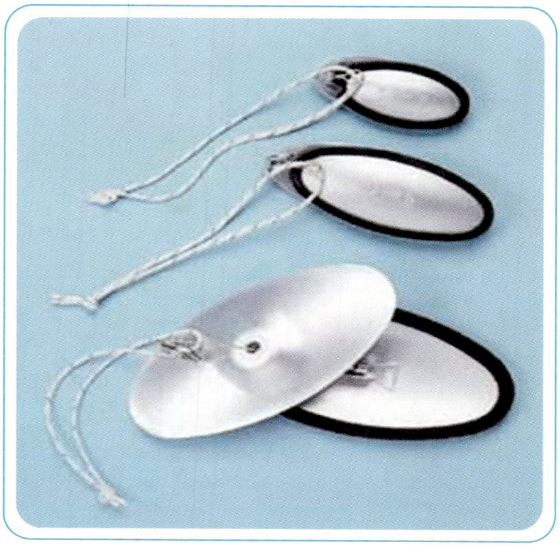

[Repair Clamp]

튜브 수리용 타원형 조임쇠로, Life Raft나 Slide/Raft의 손상된 부위를 막아 바람이 빠지거나 물이 스며들지 않도록 하는 데 사용된다.

손상된 부위에 맞춰 대, 중, 소 크기별로 사용할 수 있으며, 손상된 부위의 구멍이 클 경우 여러 개를 함께 연결해서 사용할 수도 있다.

고무 Seal이 붙은 부분과 금속뚜껑 부분을 분리한 후 고무 Seal이 붙은 부분을 보수할 튜브(Tube) 부위 안쪽에 집어넣고 뚜껑 부분과 서로 맞닿도록 조인 후 조임이 풀리지 않도록 침을 구부리거나 끊어 설치하면 된다.

최근에는 비슷한 용도로 접착력이 뛰어난 실란트 테이프(Sealant Tape)가 사용되기도 한다.

(6) Bailing Bucket

방수천으로 만들어진 주머니형 바구니로, 비나 파도, 혹은 손상 등으로 인해 Life Raft나 Slide/Raft 내부로 들어온 물을 퍼낼 때 사용되며, 빗물을 받는 용도로 사용되기도 한다. 이와 유사한 용도로 사용할 수 있는 장비로는 Sponge(스펀지)가 있다.

[Bailing Bucket]

(7) Sponge

수분 제거용 스펀지로, Life Raft나 Slide/Raft 내부로 들어온 물을 제거할 때 사용되며, 일반 스펀지보다 흡수력이 강하다.

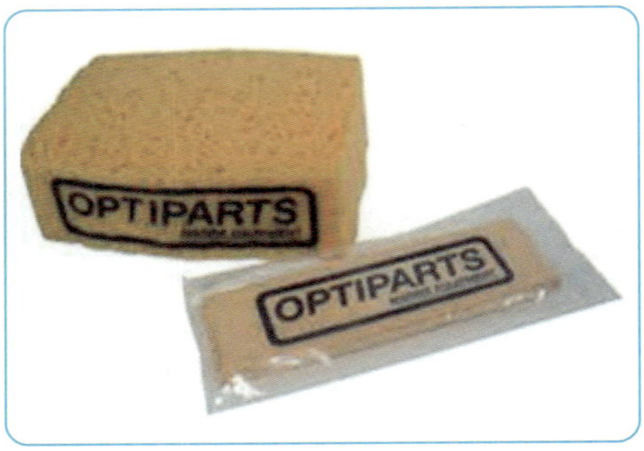

[Sponge]

(8) Heaving Line

가느다란 줄 끝에 동그란 고무링이 달려 있는 구조용 구명 밧줄로, 물에 빠진 사람을 구조할 때 사용되며, Life Raft나 Slide/Raft를 서로 연결시키는 Rope 용도로 사용되기도 한다.

[Heaving Line]

(9) Utility Knife

밧줄 등을 자르는 데 사용되는 다목적 소형 칼로, 항공기와 연결된 Life Raft나 Slide/Raft의 Mooring Line(연결 끈)을 끊을 때 사용되며, 칼날이 안쪽을 향하고 있어 비교적 안전하다.

[Utility Knife]

2) 신호용 장비(Signal Equipment)

(1) Smoke/Flare Kit

조난 위치를 알리는 막대 원통형 연기/불꽃 신호기로, 연기나 불꽃을 발생시켜 구조대에게 조난 위치를 알릴 때 사용된다.

주간과 야간에 모두 사용 가능하며, 오렌지색 뚜껑이 있는 쪽은 주간용, 반대편 붉은색 뚜껑이 있는 쪽은 야간용이다. 주간용 오렌지색 뚜껑을 당기면 발화되면서 진한 오렌지색의 연기가 나오는데 이 연기는 약 10km 떨어진 거리까지 식별이 가능하고, 반대편의 야간용 붉은색 뚜껑을 당기면 화약이 터지면서 붉은색 불꽃이 나오는데 이 불꽃은 약 5km 떨어진 거리까지 식별이 가능하다.

사용시간은 주 · 야간 모두 15~20초 정도로 매우 짧기 때문에 사용 시 신중을 기해야 한다.

Smoke/Flare Kit을 안전하고 효과적으로 사용하기 위해서는 반드시 바람을 등지고 사용해야 하며, Kit의 끝 부분을 잡아야 한다. 또한, 사용 시 불꽃이 Life Raft나 Slide/Raft에 손상을 줄 수 있기 때문에 외부 해상 쪽으로 팔을 뻗어 사용해야 한다.

한쪽만 사용했을 경우 보관 후 추후 반대쪽을 재사용할 수 있다.

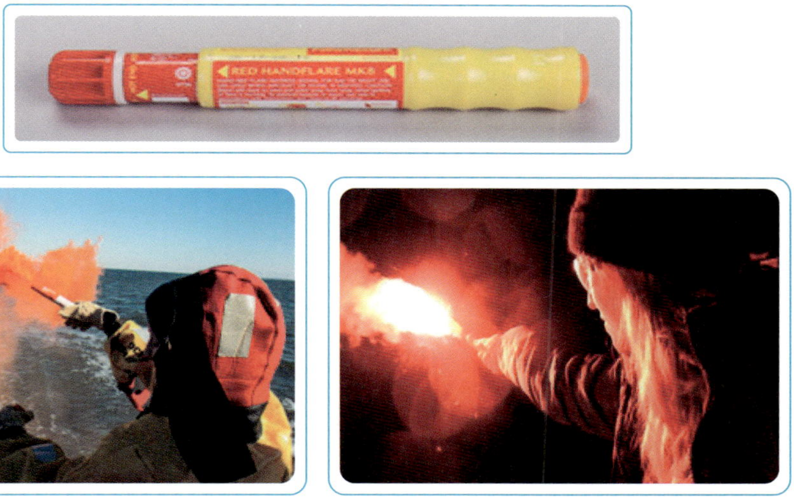

[Smoke/Flare Kit]

(2) Sea Dye Marker

조난 위치를 알리는 해양 염색제로, 해상 표류 시 구조대나 지나가는 항공기, 선박 등에 쉽게 발견될 수 있도록 Life Raft나 Slide/Raft 주변 해수면을 염색시킬 때 사용된다.

주로 주간에 사용되나 염색제에 형광물질이 포함되어 있어 야간에도 일정 부분 효과가 있다.

Life Raft나 Slide/Raft에 연결한 후 Sea Dye Marker Pack의 Flap을 벗기고 염색제가 내장되어 있는 주머니를 바닷물에 던지면 주변 해수면이 형광 녹색으로 변한다. Sea Dye Marker는 해상에서 약 30~40분 정도 유지되는데, 최대한의 효과를 보기 위해서는 물결이 잔잔할 때 사용해야 한다.

Sea Dye Marker는 조난 위치를 알리는 다양한 장비 중 가장 효과적인 것으로 알려져 있다.

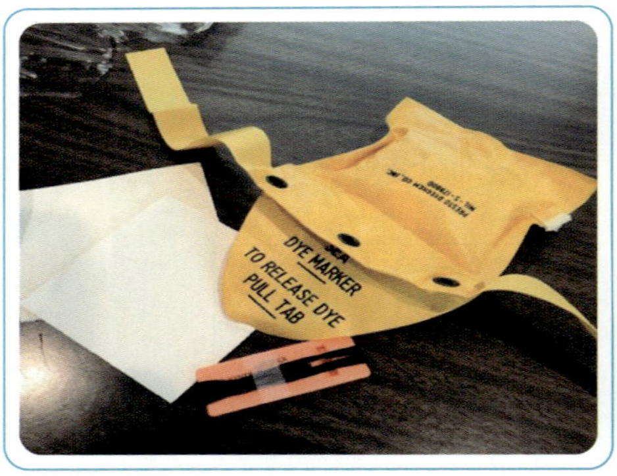

[Sea Dye Marker]

(3) Signal Mirror

조난위치를 알리는 금속 재질의 신호용 거울로, 조난 시 구조대나 지나가는 항공기, 선박 등에 태양광을 반사시켜 구조 신호를 보낼 때 사용된다.

한 손으로는 신호용 거울을 눈 가까이 대고 다른 손은 V자 모양으로 벌린 다음 V자를 통해 지나가는 항공기나 선박을 향해 거울을 올렸다 내렸다 하면 빛이 반짝

거리며 신호를 보내게 된다.

통상 약 80km 정도의 거리까지 빛이 도달되며, 햇빛이 강할수록 먼거리까지 신호를 보낼 수 있다.

[Signal Mirror]

(4) Sea Light/Location Light

Slide/Raft 및 Canopy에 장착되어 있는 위치 표시등으로, 야간에 먼 거리에서도 구명정의 위치를 알 수 있도록 해 주는 역할을 한다.

해수 축전지(Water Activate Battery)에 의해 자동으로 작동되며, 1촉광의 밝기로 빛을 낸다.

[Sea Light/Location Light]

(5) Flash Light

배터리로 작동되는 소형 손전등으로, 구조 신호용으로 사용된다.

해상에서 사용할 수 있도록 방수처리되어 있으며, 야간에는 약 13km 거리까지 빛을 비출 수 있다.

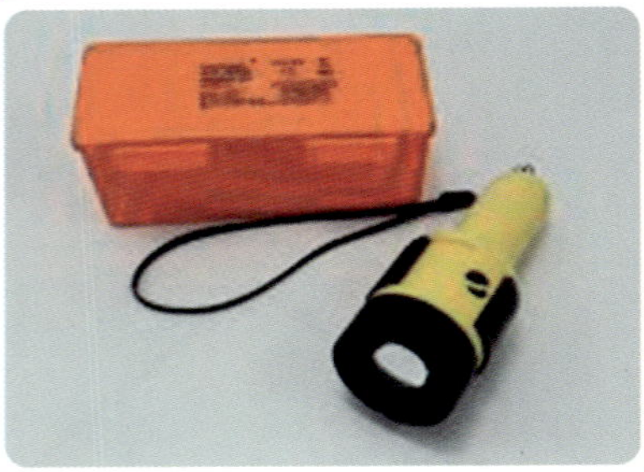

[Flash Light]

(6) Whistle

소리로 위치를 알리는 신호용 호각으로, 안개 낀 날씨나 야간에 근거리에 있는 구조대나 항공기, 선박 등에 청각적으로 구조 신호를 보낼 때 사용되며, 탈출 지휘 등을 할 때 사용되기도 한다.

[Whistle]

3) 생존용 장비(Survival Equipment)

(1) First Aid Kit

각종 부상에 대비한 비상 의료함으로, 멀미약, 소독 솜, 반창고, 붕대, 삼각건, 부목, 화상연고, 안연고, 암모니아 흡입제 등 구급 조치를 할 수 있는 장비와 약품들이 들어 있다.

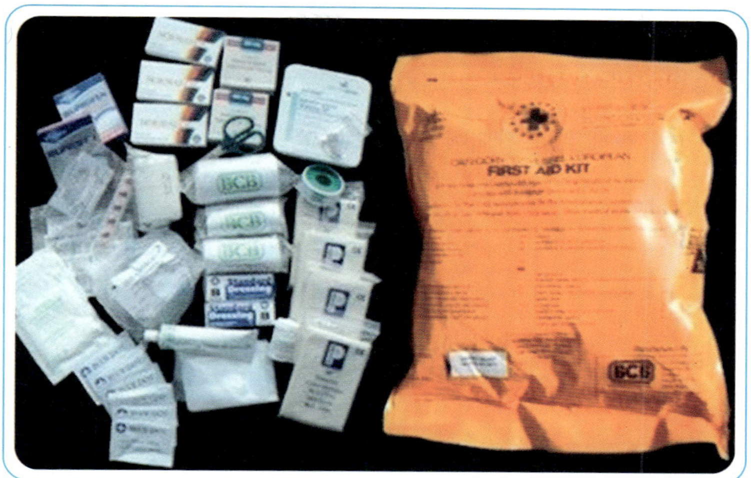

[First Aid Kit]

(2) Emergency Ration Kit

구조 지연에 대비한 비상 식량함으로, 열량이 높은 제품들로 구성되어 있다.

사탕, 껌, 초콜릿, 비타민 등 생존에 필요한 최소한의 음식물이 들어 있으며, 통상 사탕, 껌, Ration은 정원의 세 끼 분량이 준비되어 있다.

[Emergency Ration Kit]

(3) Packaged Drinking Water

생존에 필요한 식수로, 플라스틱 패키지나 병, 캔 등 다양한 형태로 포장되어 있다.

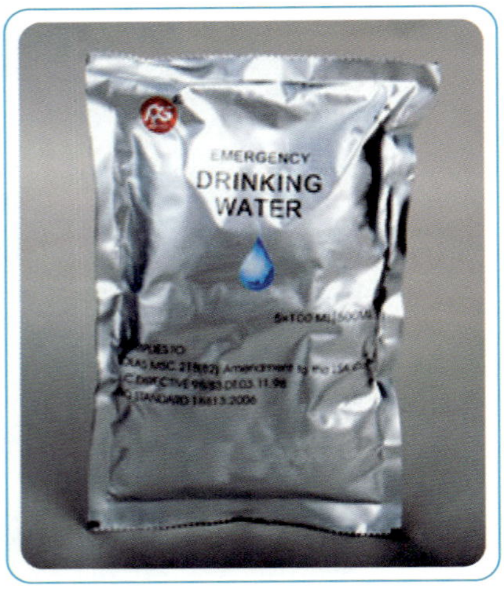

[Packaged Drinking Water]

(4) Water Purification Tablet

오염된 물이나 해수를 마실 수 있도록 정화시켜주는 약으로, 오염된 물이나 해수에 넣으면 약 40분 정도 후에 식수로 바뀐다.

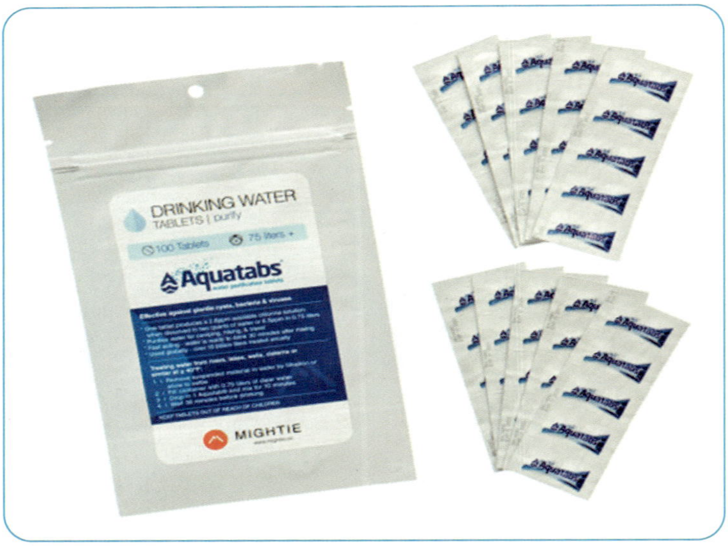

[Water Purification Tablet]

(5) Survival Manual

조난 시 생존을 위해 필요한 노하우들이 적혀 있는 생존 교범으로, 식용 가능한 동·식물 구별법, 집 짓는 방법, 오지 생존법, 식량고갈 시 대처법 등 생존과 관련된 다양한 내용들이 수록되어 있다.

[Survival Manual]

(6) Compass

방향을 지시하는 나침판으로, 동서남북 방위 확인 시 사용된다. 조난 시 위치와 방향을 아는 데 도움이 된다.

[Compass]

3. Life Vest

1) 사용 목적

비상착수 시 항공기로부터 탈출한 승객과 승무원이 수면 위에 떠 있을 수 있도록 도와주는 구명조끼로, 해상 표류 시 익사를 방지하고 체온 저하를 막아주는 역할을 한다.

2) 기능 및 특징

- 승객용 Life Vest는 노란색(yellow)으로 국제 표준화되어 있으며, 성인용과 유아용으로 구분된다.
- 성인용은 승객 좌석 하단(또는 좌석 팔걸이 하단)에 비치되어 있고 유아용은 객실 전 · 후방에 별도로 보관되어 있다. 유아용에는 보호자와 연결할 수 있는 연결 끈이 장착되어 있다.
- 승무원용 Life Vest는 승객용과는 구별되는 붉은색(red)이며, 승무원 좌석(Jump Seat) 하단 선반 내에 보관되어 있다.
- Life Vest에는 2개의 CO_2 Cartridge가 들어 있어 양쪽의 붉은색 팽창 손잡이(Tap)를 잡아당기면 신속하게 공기가 주입되면서 각각 2개의 튜브를 팽창시킨다.
- Life Vest 측면 상단에는 야간에 자신의 위치를 알리는 데 도움을 되는 Locator Light(위치 표시등)가 장착되어 있다.
- 'PULL TO LIGHT'라고 표시된 손잡이(Tap)를 당기면 Battery Hole이 나타나고, 여기에 해수가 들어가면 해수 축전지(Water Activate Battery)에 의해 자동으로 Locator Light(위치 표시등)가 켜지는데 이는 약 8~10시간 정도 유지된다.
- Life Vest는 뒤집어서 사용할 수 있다.
- Life Vest의 공기를 뺄 때는 붉은색 고무관(Tube)의 Air Bleed Pin을 이용한다.
- 최근 일부 제조사에서는 Signal Mirror(신호 거울), Whistle(호각), Sea Dye Marker(해양 염색제) 등의 옵션 장비가 부착된 Life Vest를 선보이기도 한다.

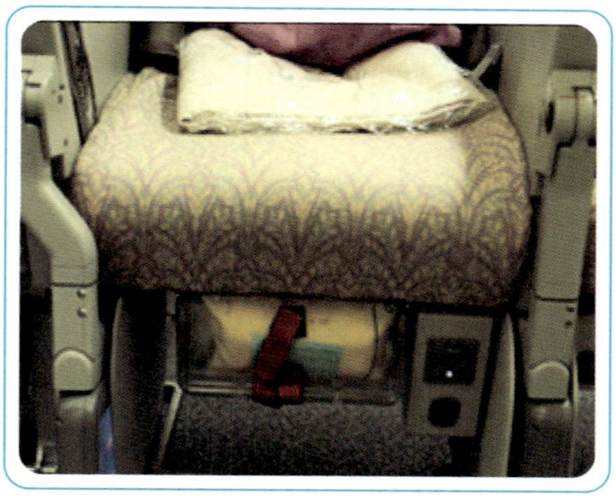

[승객용 Life Vest 탑재 모습]

[승무원용 Life Vest 탑재 모습]

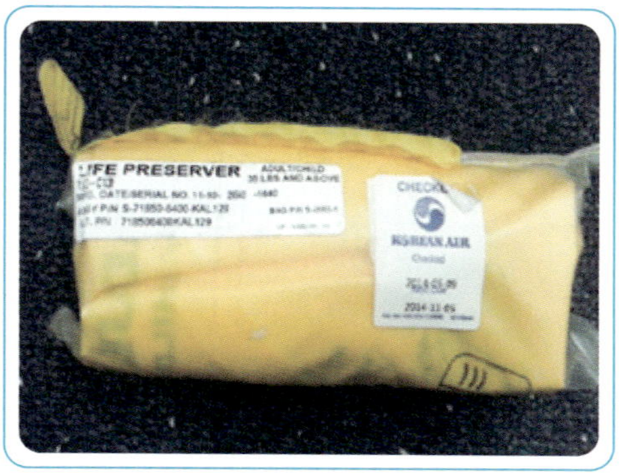

[포장된 승객용 Life Vest]

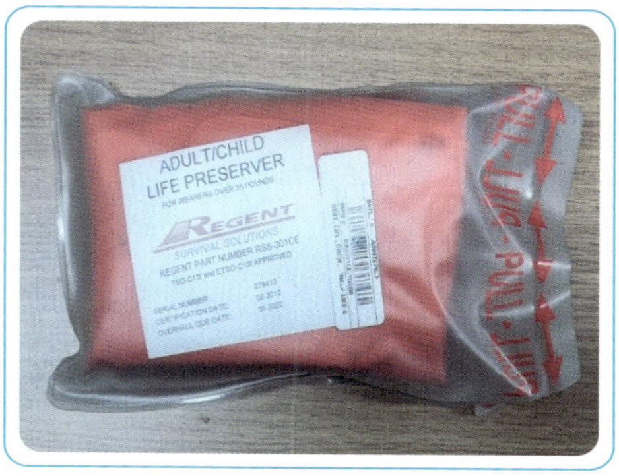

[포장된 승무원용 Life Vest]

3) 사용법

- 승객 좌석 하단(또는 좌석 팔걸이 하단)에서 Life Vest를 꺼낸다.
- 붉은색의 팽창 손잡이(Tap)가 앞쪽으로 오도록 머리 위에서부터 착용한다.
- Waist Strap(허리 끈)을 당겨 몸에 맞게 조절한 후 버클(Buckle)을 잠근다.
- 비상착수 직전에 붉은색 팽창 손잡이(Tap)를 잡아당겨 Life Vest를 부풀린다.
- Life Vest가 충분히 팽창되지 않았을 경우, Life Vest 상단 양쪽에 부착되어 있는 붉은색 고무관(Tube)을 입으로 불어 수동으로 부풀린다.

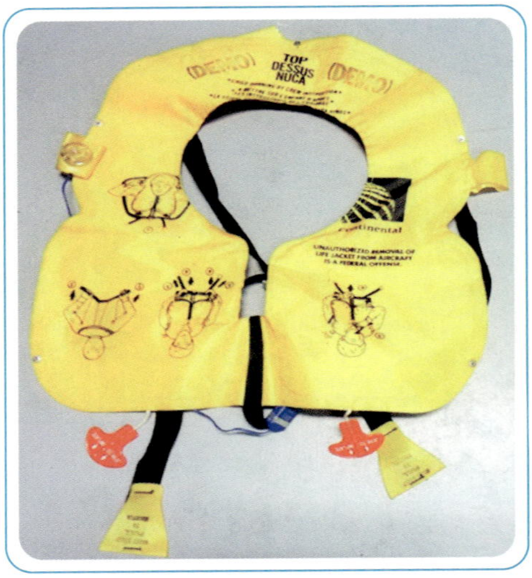

[승객용 Life Vest]

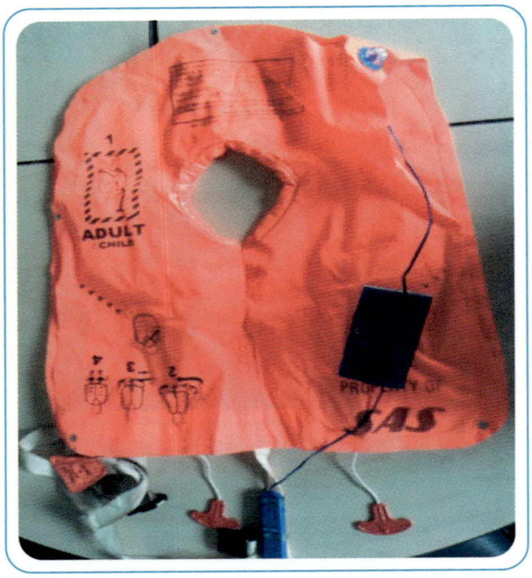

[승무원용 Life Vest]

4) 주의사항

- Life Vest는 사전에 객실 내에서 부풀리면 손상의 우려가 있고 승객 상호 간 탈출에 방해가 되므로 비상착수 직전에 부풀려야 한다. 단, 유아의 경우 사전에 객실 내에서 부풀려도 무방하다.
- 유아의 경우 유아용 Life Vest가 별도로 탑재되나 어린이의 경우에는 성인용 Life Vest의 한쪽만을 부풀려 사용한다.
- 어린이의 경우 성인용 Life Vest 착용 시 허리끈을 양 다리에 끼워 쉽게 벗겨지지 않도록 해야 한다. 단, 아동의 체구가 큰 경우 성인 착용법과 동일하게 착용하면 된다.

4. ELT(Emergency Locator Transmitter)

1) 사용 목적

긴급 조난신호를 발신하는 비상용 무선송신기로, 조난 시 전파 발신을 통해 조난 위치를 알릴 때 사용된다.

2) 기능 및 특징

- 해상과 육상에서 모두 사용 가능하다.
- 통상 항공기에서 사용되는 ELT는 물과 접촉하면 작동되는 해수 축전지(Water Activate Battery)를 전원으로 사용한다.
- ELT 본체 중간에 있는 구멍(Hole)에 물이 들어가면 해수 축전지(Water Activate Battery)가 활성화되면서 전파 발신이 시작된다.
- 순수한 물보다는 염분이 포함된 물에서 사용할 때, 따뜻한 물보다 차가운 물에서 사용할 때 발신 시간이 더 연장된다.
- 육상에서 사용 시 비닐 백(Water Container) 내부의 물(액체)을 주기적으로 교체해 주거나 휘저어주면 해수 축전지(Water Activate Battery)의 성능이 더 좋아진다.
- 최근에는 물을 구하기 어려운 조난 상황에 대비해 물과 접촉하지 않아도 작동되는 신형 ELT가 개발되었으며, 이 신형 ELT 밑바닥에는 2가지 Mode(ARM, XMT)의 전환 스위치가 있는데 XMT Mode에서는 물 없이도 작동이 가능하다.
- 기존의 ELT는 2가지(121.5MHz인 민간용 주파수 대역과 243.0MHz인 군사용 주파수 대역) 조난 주파수를 사용하였으나 2009년부터는 ICAO의 권고에 따라 기존 주파수 대역의 단점을 보완한 406MHz 주파수 대역을 사용하고 있다. 따라서 최근 제작되는 대형 항공기에는 406MHz 주파수 대역의 ELT가 의무적으로

탑재된다.

- 460MHz 주파수는 사고 시 조난 항공기의 정확한 위치정보 및 고유정보(Beacon 고유번호, 제조사 정보, 발신지 국가 정보 등)를 획득할 수 있어 효율적인 구조가 가능하다는 장점이 있다.
- ELT에서 발신되는 구조 전파는 인공위성을 통해 전 세계에 있는 구조본부와 자동으로 연결된다.
- 구조 전파는 약 48시간 동안 지속적으로 발신되며, 발신 거리는 약 320km이다.
- 모든 항공기의 후방 천정에는 고정식 ELT가 장착되어 있어 항공기에 큰 변화가 생기면 자동으로 구조 전파를 발신한다.
- 항공기에 부착된 고정식 ELT는 상황에 따라 기장이 수동으로 작동시킬 수도 있다.

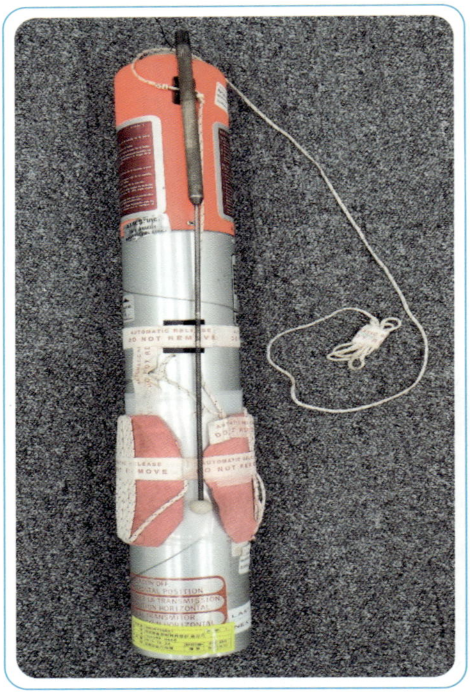

[ELT]

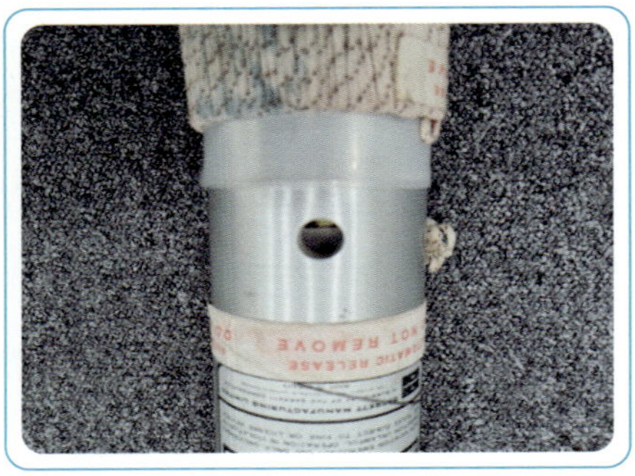

[ELT 본체 중간에 있는 구멍(Hole)]

3) 사용법

(1) 해상

- ELT에 감긴 끈을 푼다.
- ELT를 Slide/Raft(또는 Life Raft)에 묶은 후 해수면에 던져 넣는다.
  - ELT 본체 중간에 있는 구멍(Hole)에 물이 들어가면 자동으로 구조신호를 발신한다.
  - ELT 본체에 수용성 테이프(Water Soluble Tape)로 고정되어 있던 안테나가 물에 녹아 끊어지면서 안테나가 세워진다.
- 구조 후 전파 발신을 멈추려면, ELT를 물에서 꺼내 거꾸로 세우거나 바닥에 눕혀 내부의 물을 제거한다.

(2) 육상

- ELT 본체에서 안테나를 고정하고 있던 수용성 테이프(Water Soluble Tape)를 제거한 후 안테나를 세운다.
- ELT 하단에 있는 비닐 백(Water Container)에 물을 채운 후 안테나를 세운 ELT를 물 안에 집어넣는다.
  - 물이 없을 경우, 커피, 주스, 소변 등 기타 액체를 넣어도 무방하다.
  - ELT 중간 부분에 있는 구멍(Hole) 높이 이상으로 물이 채워져야만 해수 축전지(Water Activate Battery)가 물과 반응하여 작동한다.
- 전파 발신이 용이하도록 가능하면 높은 곳(나무 위, 언덕 등)에 ELT를 위치시킨다.

5. ELS(Emergency Light Switch)

1) 사용 목적

비상출구 방향을 안내하는 비상등 작동 스위치로, 비상상황으로 인해 기내 전원 공급이 중단될 경우, 항공기 내부와 외부의 탈출로를 알려주는 비상등을 자동으로 작동시키는 역할을 한다. 일반적으로 조종실(Cockpit)과 객실 전방 Cabin Attendant Panel(일반적으로 L1 혹은 L2)에 작동 스위치가 있다.

2) 기능 및 특징

- 기내 전원공급이 차단된 경우 ELS는 자동으로 작동되며, 비상용 배터리(Emergency Battery)에 의해 일정 시간 바닥등, 비상구 표시등, 외부 비상조명 장치 등이 점등된다.
- ELS는 기종에 따라 Push-Button Type과 Toggle Switch Type이 있다.
- 비상출구 방향을 안내하는 Escape Path Marking System(바닥 탈출로 표시 장치)은 통로 바닥을 따라 비상출구까지 연결되어 있다.
- 바닥 탈출로 표시 장치인 Escape Path Marking System은 어둠속에서도 승객 및 승무원이 비상출구까지 탈출할 수 있도록 도와준다.
- 비상출구 위에 위치한 Exit Sign Light(비상구 표시등)는 어둠속에서도 승객 및 승무원이 비상출구의 위치를 정확히 인지할 수 있도록 도와준다.
- 항공기 외부를 비추는 비상용 조명인 Exterior Emergency Light는 야간 불시착 시 항공기 주변을 밝게 비추어 승객 및 승무원이 안전하게 탈출할 수 있도록 도와준다.
- Exterior Emergency Light는 글씨를 판별할 수 있을 정도로 밝으며, 최소 10분 이상 점등된다.

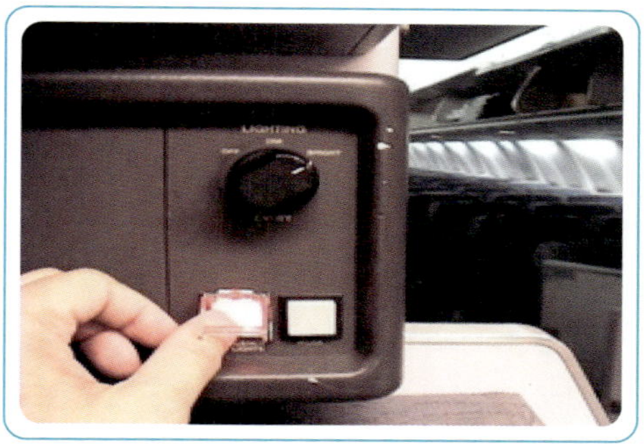

[ELS Switch]

[Exit Sign Light]

[Escape Path Marking System]

6. Flash Light

1) 사용 목적

조명 역할을 하는 비상용 손전등으로, 비상상황 시 승객의 탈출을 유도하고 야간이나 어두워진 기내에서 시야를 확보하는 용도로 사용된다.

일반적으로 승무원 좌석(Jump Seat) 하단이나 주변에 장착되어 있다.

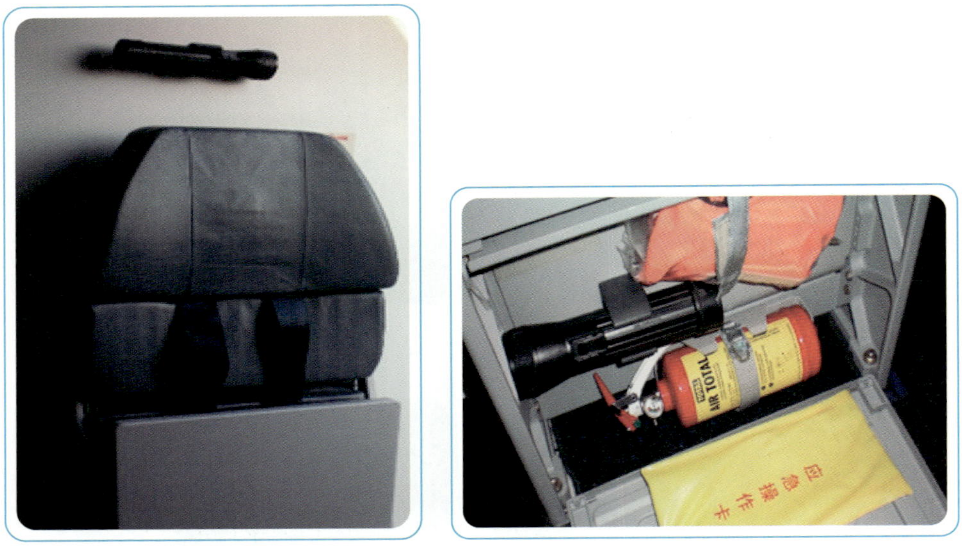

[Flash Light 탑재 모습]

2) 기능 및 특징

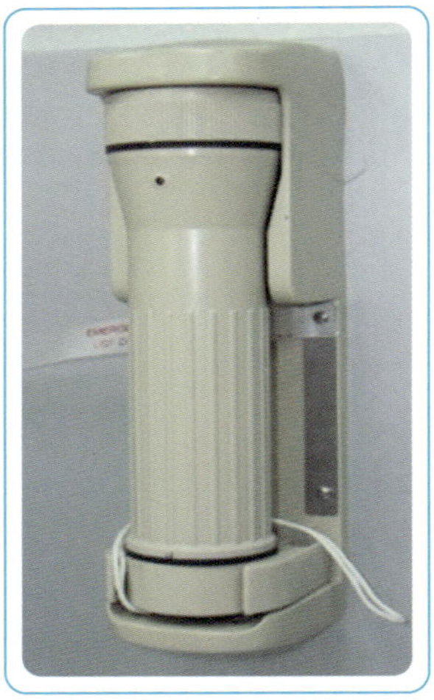

[Flash Light]

- 브래킷(Bracket)에서 장탈하면 자동으로 전원이 들어오는 Automatic Type과 전원 스위치를 눌러 작동시키는 Switch Type이 있다.
- Automatic Type은 최대 4시간까지 사용할 수 있으며, 사용 가능한 유효기간은 2년 4개월 정도이다.
- Switch Type은 최소 30분에서 최대 2시간까지 사용할 수 있으며, 작동시간이 Automatic Type에 비해 짧은 반면 조사(照射) 능력은 강하다.
- Automatic Type은 윗부분에 있는 LED 충전상태 표시등이 3초 간격으로 깜박이기 때문에 이를 통해 충전 상태를 확인할 수 있다. 배터리(Battery)가 저전압 상태일 경우에는 점멸 간격이 느려지거나 사라진다.

• Switch Type은 전원 스위치를 눌러보는 방식으로 충전 상태를 확인할 수 있다.
• Automatic Type은 하단의 배터리(Battery)를 분리하거나 연결선을 끊어야만 작동을 멈출 수 있으며, Switch Type은 전원 스위치를 통해 작동을 멈출 수 있다.
• 일반적으로 비닐 밴드나 브래킷(Bracket)에 밀봉(Sealing) 되어있으며, 상단에는 비상 시에만 사용하도록 'Emergency Use Only'라고 기재되어 있다.

3) 사용법

(1) Automatic Type

• 브래킷(Bracket)에 고정되어 있는 Flash Light를 장탈한다.
  - 장탈하는 동시에 자동으로 전원이 On 상태가 되며 불이 켜진다.
• 제자리 원위치시키면 자동으로 전원이 Off 상태가 된다.

(2) Switch Type

• 비닐 밴드 등의 덮개를 벗기거나 고정된 브래킷(Bracket)에서 꺼내는 방식으로 Flash Light를 분리한다.
• On-Off Switch를 On으로 누르면 불이 켜진다.
• On-Off Switch를 Off로 누르면 불이 꺼진다.

7. Megaphone

1) 사용 목적

탈출 명령 전달 및 지휘 시 사용하는 비상용 확성기로, 비상탈출 시 항공기 내 전원이 차단되어 PA(Public Address) System의 사용이 불가하거나 비상탈출 후 외부에서 큰소리로 지휘 및 정보 전달을 해야 할 때 사용된다.

주로 객실 전방과 후방 비상출구(Door) 근처 승무원이 쉽게 접근할 수 있는 위치에 장착되어 있으며, 항공기 크기에 따라 2~4개 정도 탑재되어 있다.

2) 기능 및 특징

- 배터리(Battery)에 의해 작동되며, 연속으로 1시간 이상 사용 가능하다.
- 휴대 및 사용이 용이하도록 무게가 배터리(Battery)를 포함하여 2.7kg 이하인 소형이 탑재된다.
- 음량은 112dB(Decibels) 이하이며, 볼륨은 자체적으로 조절하거나 입과의 거리를 통해 조절할 수 있다.

[Megaphone]

3) 사용법

- 홀더(Holder)에 고정되어 있는 Megaphone을 장탈한다.
- Megaphone 손잡이에 있는 Trigger를 누른 상태에서 마이크 부분에 입을 가까이 대고 사용한다.
  - PPT(Press To Talk) 방식
- Volume Type은 음량을 적당한 크기로 조절한다.

2절 커뮤니케이션 장비

항공기 객실 내에는 정상 운항 및 비상상황 시 승객에게 정보를 전달하고 객실승무원 상호 간 혹은 객실승무원과 운항승무원 간에 의사소통을 가능하게 하는 커뮤니케이션 장비가 설치되어 있다.

항공기에 설치되어 있는 커뮤니케이션 장비에는 PA(Public Address) System/Interphone System이 있다.

1. PA(Public Address) System/Interphone System

기내방송을 위한 PA(Public Address) 기능과 승무원 상호 간의 의사소통을 위한 Interphone 기능을 모두 겸비한 Handset 형태의 설비로, 두 가지 기능을 각각 독립적으로 사용할 수 있도록 되어 있으며, 조종실(Cockpit) 및 객실 내 각 승무원 좌석 근처, Bunk 등에 설치되어 있다.

기종에 따라 모양과 사용방법이 조금씩 상이하기 때문에 객실승무원은 비행 전 정확한 사용방법을 숙지해야 하며, 항공기 출발 전 지상에서 정상작동 여부 등을 반드시 점검해야 한다.

1) PA(Public Address) System

(1) 사용 목적

기내방송 장비로, 운항 중 승객 및 승무원에게 비행에 관한 각종 정보를 제공하는 기내방송 시 사용되며, 비상상황 발생 시 승객을 안내하고 통제하는 용도로도 사용된다.

(2) 기능 및 특징

• 기내방송에는 우선순위가 있으며, 순위가 높은 방송이 실시될 경우 하위방송은 중단된다. 예를 들어, 객실에서 방송 중이라도 조종실에서 방송을 하게 되면 우선순위에 따라 기장 방송이 우선적으로 나오게 된다.

기내방송 우선순위(PA Priority)

• 1순위: Cockpit Crew PA
• 2순위: Attendant Crew PA
• 3순위: Pre-Recorded Announcement
• 4순위: Video 및 Audio System
• 5순위: Boarding Music

• 기내방송이 시작되면 승객이 시청 혹은 청취하고 있던 영화나 음악방송 등은 기내방송 우선순위에 따라 자동으로 중단되며, 기내방송이 끝나고 나면 다시 자동으로 재생된다.

• 기내방송 시스템이 작동하지 않을 경우 기장에게 즉시 보고하고 항공기 운항의 필요조건(Minimum Equipment List, MEL)에 들어맞는지 확인한다.

(3) 사용법

• 홀더(Holder)에 고정되어 있는 Handset을 꺼낸다.

• Handset에 있는 PTT(Push To Talk) 버튼(Button)을 누르고 방송한다.
  - 기내방송 구역을 지정할 수 있다.

• 방송이 종료되면 소리가 나지 않도록 Reset Button을 먼저 누른 후 Handset을 홀더(Holder)에 원위치시킨다.

[PA(Public Address)]

2) Interphone System

(1) 사용 목적

기내 통화 장비로, 객실승무원 상호 간 혹은 객실승무원과 운항승무원 간 의사 전달을 위한 통화 시 사용되며, 비상상황 발생 시 조종실(Cockpit) 및 다른 승무원에게 Emergency Signal(비상 신호)을 보낼 때도 사용된다.

(2) 기능 및 특징

- 각 Station 인터폰에는 고유한 호출번호가 있으며, 상대방과 통화하기 위해서는 해당 위치의 호출번호를 누르면 된다.
  - 각 Station은 두 자릿수의 고유한 호출번호를 가지고 있다.
  - 첫 번째 단위는 항공기 전방을 바라 본 상태에서의 좌측과 우측을 의미하는데 좌측은 1, 우측은 2이다.

    두 번째 단위는 항공기 전방으로부터 비상출구(Door)의 위치를 의미하는데 앞에서부터 1, 2, 3, 4, 5로 번호가 부여되어 있다.

예를 들어, 좌측 두 번째 비상출구(Door) 위치의 승무원에게 콜(Call)을 하려면 좌측을 의미하는 1과 두 번째 위치를 의미하는 2를 합쳐 12번을 누르면 된다.

- 인터폰은 개인 간의 통화와 개인과 다수 간의 통화가 모두 가능하다.
- 승무원으로부터 콜(Call)이 오면 해당 Station의 천장(Ceiling)에 설치된 Master Call Light Display에 Chime이 울리고 Red Light가 점등된다.
- 통화 우선순위는 조종실(Cockpit)이 객실보다 높기 때문에 객실승무원 간의 통화 중간에 기장에게 콜(Call)이 올 경우 기장 콜(Call) 연결을 우선하도록 되어 있다.
- 인터폰 사용이 끝난 후에는 반드시 Reset Button을 눌러 통화 중인 상태가 유지되지 않도록 해야 한다.
- 비상상황 발생 시 인터폰을 통해 조종실(Cockpit) 및 타승무원에게 비상상황을 알리는 Emergency Signal(비상 신호)을 보낼 수 있다.
  Emergency Signal(비상 신호)을 들은 승무원들은 즉시 Handset을 들고 자신의 위치를 보고한 후 발신자로부터 비상상황에 대한 정보 및 관련 지시를 전달받는다.
- Hijacking(항공기 납치)과 같은 비상상황이 발생했을 경우 인터폰을 통해 대화 없이 조종실(Cockpit)에 경고 신호를 보내 위험 상황을 알릴 수 있다.
- 인터폰 시스템이 작동하지 않을 경우 기장에게 즉시 보고하고 항공기 운항의 필요조건(Minimum Equipment List, MEL)에 들어맞는지 확인한다.

(3) 사용법

- 홀더(Holder)에 고정되어 있는 Handset을 꺼낸다.
- Handset에서 연락하고자 하는 해당 위치의 호출번호(숫자)를 누른 후 통화한다.
- 통화가 종료되면 Reset Button을 먼저 누른 후 Handset을 홀더(Holder)에 원위치시킨다.

Chapter 07

기내 일상 안전업무

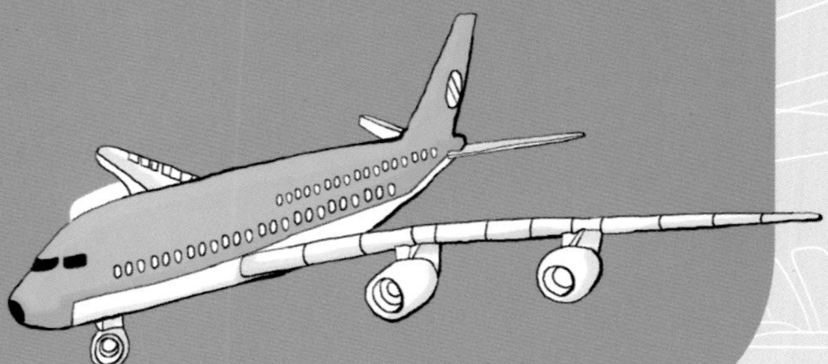

Chapter

07 기내 일상 안전업무

학습목표

1. 항공기 객실 안전규정에 따라 이륙 전 안전업무를 수행할 수 있다.
2. 항공기 객실 안전규정에 따라 비행 중 안전업무를 수행할 수 있다.
3. 항공기 객실 보안규정에 따라 비행 중 보안업무를 수행할 수 있다.

1절 이륙 전 안전업무

1. 비행근무 전

1) 객실브리핑

모든 객실승무원은 비행업무를 시작하기 전 근무 규정에 따라 정해진 시간과 장소에서 객실브리핑을 실시한다.

객실브리핑은 해당 항편 객실사무장의 주관하에 진행되며, 객실승무원은 객실

브리핑 참석 전 해당 항편의 기장 및 객실사무장의 성명, 본인에게 할당된 Duty, 탑승기종 관련사항, 기내서비스 절차, 기타 회사 공지사항 등을 숙지한 후 참석해야 한다.

또한 객실브리핑에 참석할 때는 여권 및 비자, ID Card, 승무원 등록증, 업무 규정 매뉴얼 등 비행 필수 휴대품과 출 · 입국 및 비행 근무에 필요한 각종 서류들을 소지하고, 비행업무에 걸맞은 용모 · 복장을 갖춘 후 참석해야 한다.

객실브리핑에서는 해당 항편의 비행 인원 및 Duty를 확인하고 비행 준비사항(용모 · 복장 및 필수 휴대품 소지 여부)을 점검한다. 또한 해당 항편의 기종 및 출 · 도착 시간, 비행시간, 시차 등과 같은 비행 정보 이외에도 승객 예약 상황, 기내식 메뉴 및 Special Meal 탑재 여부, VIP 등 특수고객 탑승 여부 등의 업무 정보를 공유한다. 더불어 해당 항편의 기내서비스 절차 및 방법, 해당 기종의 비상 · 보안 장비의 위치 및 점검 방법 등의 업무 지식을 점검하고 기타 회사 공지사항 등을 전달한다.

2) 항공기 탑승

모든 객실승무원은 객실브리핑을 마친 후, 탑승수속 절차를 거쳐 정해진 시각에 항공기에 탑승한다.

3) 운항브리핑

운항브리핑은 운항승무원과 객실승무원이 함께 하는 회의로, 근무 규정에 따라 지정된 장소에서 기장의 주관하에 진행된다. 항공사에 따라 조금씩 상이하긴 하나 통상 항공기 탑승 후 본격적인 비행 준비 전 객실 내에서 간단히 실시하는 경우가 대부분이다.

운항브리핑에서는 해당 항편의 비행시간, Turbulence 등 예상되는 기상상황, 승객 예약상황 및 VIP 등의 탑승 여부, 조종실 출입 절차 및 기내 보안 사항 등의 내용을 공유하고 운항승무원과 객실승무원 간의 협조사항 등에 대해 논의한다.

2. 승객탑승 전

1) 승무원 수하물 보관

항공기 탑승 후 객실승무원은 규정된 수하물 보관 장소에 본인의 수하물을 보관하는데, 통상 본인 담당 업무구역(Zone)의 선반(Overhead Bin)이나 Door가 장착된 옷장(Coat Room) 등에 보관한다. 보관 시 승객의 안전과 편의에 방해가 되지 않도록 주의하여 보관해야 한다.

2) 비행 전 점검(Pre-Flight Check)

객실승무원은 항공기 사고를 미연에 방지하고 비상상황 발생 시 신속히 대처하기 위해 기내 탑승 후 본인 담당 업무구역(Zone)에 있는 기내설비 및 비상 · 보안 장비들을 점검하는데, 이를 Pre-Flight Check(비행 전 점검)라 한다.

(1) 비상 · 보안 장비 점검

객실승무원은 본인 담당 업무구역(Zone)에 있는 비상 · 보안 장비들의 정상 탑재 여부 및 이상 유무 등을 점검한 후 그 결과를 객실사무장에게 보고한다.

① 일반 안전 장비

• Safety Demo 용품: 수량 및 상태

② 화재 예방 및 진압 장비

- Fire Extinguisher: 소화기 종류, 정위치, Seal 상태, 압력 Gauge 상태
- Protective Breathing Equipment(PBE): 정위치, 보관 상태(포장 여부)
- Smoke Detector: 정상 작동 여부

③ 응급 의료 장비

- Portable Oxygen Bottle(PO_2 BLT): 정위치, Mask 탑재 유무, Mask와의 연결 상태, Tube 상태, 압력 Gauge 상태
- Medical Bag: 내용물, 수량
- First Aid Kit(FAK): 정위치, Seal 상태
- Emergency Medical Kit(EMK): 정위치, Seal 상태
- Automated External Defibrillator(AED): 정위치, 배터리 상태
- Resuscitator Bag, Universal Precaution Kit(UPK): 정위치, 포장 상태
- On Board Wheel Chair: 정위치

④ 비상탈출 장비

- Door: Locking 상태, Door Slide Mode, 압력 Gauge 상태
- Life Vest: 정위치, 수량, 포장 상태
- Emergency Locator Transmitter(ELT): 정위치, 포장 상태
- Flash Light: 정위치, 정상 작동 여부, 충전 지시등 점멸 상태
- Megaphone: 정위치, 정상 작동 여부

⑤ 보안 장비

- 비상벨: 위치, 사용법
- Taser Gun, Tie-Wrap, 포승줄: 보관 위치, 사용법
- 방폭 매트, 방폭 조끼: 정위치, 수량, 포장 상태

(2) 객실 설비 점검

객실승무원은 본인 담당 업무구역(Zone)에 있는 객실 설비들의 정상 작동 여부 및 이상 유무 등을 점검한다.

① 승객 좌석

- Life Vest: 좌석 하단 탑재 여부
- Seat Belt, Tray Table: 상태
- PSU, Monitor, Screen: 정상 작동 여부
- Seat Pocket: 내부 Item 확인

② Galley(Galley Duty 승무원 담당)

- Galley 설비: 정상 작동 여부, 위험 및 유해물질 탑재 여부
- Catering Item: 품목, 수량, 상태

③ Lavatory

- Lavatory 설비: 정상 작동 여부, 청결 상태, Compartment Locking 상태, 비품 Setting 상태, 위험 및 유해물질 탑재 여부
- Smoking Detector: 정상 작동 여부

④ 기타

- 객실 통로: 청소상태
- Overhead Bin, Coat Room, Crew Rest Bunk: 청소 상태, 위험 및 유해물질 탑재 여부

(3) 객실 시스템 점검

객실승무원은 본인 담당 업무구역(Zone)에 있는 객실 시스템의 정상 작동 여부 및 이상 유무 등을 점검한다.

① Communication 시스템

- Public Address(PA)/Interphone: 정상 작동 여부, 음량, 사용법
- Passenger Call Button: 정상 작동 여부

② Entertainment 시스템

- Video/Audio: 정상 작동 여부, 기능, 사용법
- Prerecorded Announcement: 정상 작동 여부

③ 객실 조명 시스템

- Cabin Lighting: 정상 작동 여부, 조절 기능
- Emergency Light Switch(ELS): 위치, 정상 작동 여부, 조명도

3) 승객탑승 준비

(1) 지상 서비스 준비

① 신문, 잡지 서비스

- 신문: Serving Cart에 제호가 보이도록 Setting, 탑승구 앞 Bridge에 준비
- 잡지: Magazine Rack에 제호가 보이도록 Setting

② Welcome Drink: 상위클래스(일등석, 비즈니스석) 승객을 위해 준비

③ Amenity Kit, Earphone: 장거리 항편 승객을 위해 준비

(2) 승객 탑승 준비

① Stand By: Overhead Bin Open, 승무원은 담당 구역 가장 앞에서 대기

② Boarding Music On

3. 승객 탑승 중

1) 탑승 인사

승객 탑승은 통상 항공기 출발 약 30분 전부터 시작되며, 이때 탑승구 인사를 맡은 승무원을 제외하고 모든 승무원은 본인 담당 업무구역(Zone) 내에서 승객 환영 인사를 진행한다.

객실승무원은 승객과의 첫 대면 순간인 탑승 인사 시 승객들에게 긍정적인 인상을 남길 수 있도록 환한 미소와 밝은 목소리로 승객들을 응대해야 한다.

2) 좌석 안내

객실승무원은 승객 탑승 시 환영 인사와 함께 제한된 시간 내에 승객들이 효율적으로 탑승할 수 있도록 적극적으로 좌석을 안내해야 하고, 특히 아기를 동반한 승객, 비동반 아동(UM), 노약자, 장애승객 등 도움이 필요하다고 판단되는 승객들은 더욱 적극적으로 도와야 한다.

또한 비상출구좌석에 앉은 승객이 비상탈출 시 도움을 줄 수 있는 적정 승객인지 확인하고 해당 승객에게 비상출구좌석 착석에 관한 개별 브리핑을 실시한 후 항공기 Door Close 전에 객실사무장에게 보고한다.

3) 수하물 점검 및 보관 안내

객실승무원은 탑승한 승객들의 수하물이 적정한 공간에 안전하게 보관될 수 있도록 해야 한다. 객실 통로나 비상출구 주변에 방치된 수하물은 비상상황 발생 시 승객의 신속한 탈출에 방해요인이 될 수 있으므로 승객 수하물은 반드시 선반(Overhead Bin) 등 규정된 장소에만 보관해야 한다. 또한 규정에 맞지 않거나 정해진 위치에 보관되지 않은 수하물은 비행 중 Turbulence(기체요동) 발생 시 승객 부상의 원인이 될 수 있으므로 반드시 적정한 공간에 안전하게 보관될 수 있도록 해야 하며, 물건이 떨어져 부상을 입지 않도록 선반(Overhead Bin)을 열고 닫을 때는 항상 주의해야 한다.

4) 지상 서비스

이륙하기 전 지상에서 진행되는 지상 서비스는 항공사에 따라 조금씩 상이하나 보통 승객 탑승 시 진행되는 신문, 잡지 서비스와 상위클래스 승객에게 제공되는 Welcome Drink 서비스가 있다.

4. 이륙 전

1) Door Close

승객 탑승이 완료되고 지상 직원으로부터 승객과 화물, 운송 관련 서류(Ship Pouch), 입국 서류 등을 인계받게 되면 객실사무장은 객실 준비 상태를 확인한 후 기장에게 이를 보고하고 기장의 허락하에 탑승 Door를 닫는다.

2) Safety Check

Door를 닫은 후 Boarding Bridge 또는 Step Car가 항공기와 분리되면, 객실사무장은 PA를 통해 모든 승무원들이 본인 담당 Door Side에 위치할 수 있도록 안내하고 PA를 통해 Door Slide Mode를 정상위치(Disarmed Position)에서 팽창위치(Armed Position)로 변경하도록 지시한다. 객실사무장의 지시에 따라 Door Slide Mode를 정상위치에서 팽창위치로 변경한 승무원들은 L Side와 R Side 승무원 간 상호 체크(Cross Check)를 진행한 후 PA를 통해 객실사무장에게 Door Slide Mode 변경 사실을 최종 보고한다.

이처럼 비상상황 발생 시 항공기로부터 신속히 탈출할 수 있도록 Door의 Slide Mode를 변경해 놓는 것을 'Safety Check'라 한다.

출발 전 Boarding Bridge가 항공기로부터 분리될 때부터 도착 후 Boarding Bridge가 다가올 때까지 항공기의 모든 Door Slide Mode는 비상상황 시 Slide를 즉시 팽창시킬 수 있는 상태인 팽창위치(Armed Position)에 있어야 한다.

Door Mode 위치

- 정상위치(Disarmed Position): Door를 열어도 Slide가 팽창되지 않는 Door Mode 상태를 말한다.
- 팽창위치(Armed Position): Door를 열면 Slide가 즉시 팽창되는 Door Mode 상태를 말한다.

Door Mode 변경 순서

① 객실사무장은 Boarding Bridge 또는 Step Car가 항공기와 분리되면, PA를 통해 모든 승무원들이 본인 담당 Door Side에 위치하도록 안내한다.
② 객실사무장은 PA를 통해 Door Slide Mode를 정상위치(Disarmed Position)에서 팽창위치(Armed Position)로 변경하도록 지시한다.
③ 객실사무장의 지시에 따라 모든 Door 담당 승무원들은 본인 담당 Door의 Slide Mode 변경 레버를 정상위치(Disarmed Position)에서 팽창위치(Armed Position)로 변경한다.
④ Door Slide Mode 변경 후 L Side와 R Side 승무원 간 상호 체크(Cross Check)를 진행한다. 항공사에 따라 'Cross Check' 방식은 조금씩 상이하나 보통 자신의 엄지손가락으로 본인 담당 Door Slide Lever를 가리킨 후 다시 상대방을 향해 엄지손가락을 들어 Door Slide Mode 변경 사실을 상호 확인하는 방식으로 진행한다.
⑤ 객실사무장으로부터 All Attendant Call이 오면 Door 담당 승무원들은 PA를 통해 객실사무장에게 Door Slide Mode 변경 사실을 최종 보고한다.
이때 객실승무원이 객실사무장의 All Attendant Call에 응답하는 것은 단순히 Door Slide Mode 변경 사실만을 보고하는 것이 아니라 담당 업무구역(Zone)의 Push Back 준비완료 상태를 보고하는 포괄적인 개념을 가진다.

3) Push Back 준비 완료

항공기의 모든 Door Slide Mode가 팽창위치(Armed Position)로 변경되었음이 확인되면 객실사무장은 기장에게 구두로 'Push Back 준비완료(Cabin is Ready for Push Back)'를 보고한다.

4) Welcome 방송

항공기 Door를 닫은 후 Door Slide Mode를 변경하는 'Safety Check' 절차를 마치고 나면 방송 담당 승무원은 바로 Welcome 방송을 실시한다.

방송 담당 승무원 이외의 승무원들은 본인 업무 담당구역(Zone)의 맨 앞에 서서 승객들에게 Welcome Greeting을 한다.

5) Safety Demonstration(Safety Demo)

항공기가 'Push Back'한 직후 객실 내에서는 비행 안전 및 비상상황을 대비한 Safety Demo를 진행한다.

Safety Demo는 비디오를 통해 영상으로 상영하거나 객실승무원이 직접 시연하는 방식으로 실시할 수 있으며, Safety Demo에서는 비상출구의 위치, 좌석벨트의 사용법, 구명조끼의 위치 및 사용법, 산소마스크의 위치 및 사용법, 전자기기 사용 금지 등의 내용이 안내된다.

Safety Demo를 영상으로 상영하는 경우에는 승객들이 영상에 집중할 수 있도록 승무원은 잠시 객실 순회를 멈추고 승무원 좌석(Jump Seat)이나 그 주변 Side Wall에 비켜 서 있어야 하며, 승무원이 직접 시연하는 경우에는 본인 담당 업무구역(Zone) 최전방에서 Safety Demo 내용이 승객들에게 확실히 전달될 수 있도록 정확하고 절도 있는 동작으로 실시해야 한다.

또한, Safety Demo가 효과적으로 전달되기 위해서는 영상 상영 시 조명을 Dim으로 어둡게 조절해야 하고, 직접 시연 시에는 Full Bright로 해야 한다.

6) 이륙 전 안전점검

Safety Demo를 마친 후 모든 승무원들은 이륙 준비를 위해 담당 구역별로 안전점검을 실시한다. 착륙 전에도 이륙 전과 동일한 안전점검이 실시된다.

(1) 승객 좌석(Passenger Seat)

- 승객의 착석 여부 및 좌석벨트 착용 상태를 점검한다. 취침 중인 승객이 있을 경우에는 깨워서 좌석벨트를 착용하도록 한다.
- 어린이는 좌석벨트가 클 경우 베개나 담요 등을 이용해 몸에 맞게 착용하도록 한다.

- 유아는 좌석벨트를 착용하지 않고 보호자가 좌석벨트를 착용한 후 좌석벨트 밖으로 유아를 감싸 안도록 한다.
- 안전을 위해 이 · 착륙 시 Baby Bassinet은 사용할 수 없으며, 반드시 장탈하여 보관한다.
- 좌석등받이와 Tray Table, Armrest, Footrest, Monitor 등은 모두 정위치에 올 수 있도록 한다.
- Tray Table 위의 컵이나 쓰레기 등을 회수한다.
- 전자기기 사용 여부를 확인하고 필요 시 사용 금지 안내를 한다.

(2) 객실(Cabin)

- 객실 선반(Overhead Bin)의 닫힘 상태를 확인한다.
- 승객의 화장실 사용 여부를 확인한다.
- 화장실 내 모든 비품 및 시설물의 닫힘 및 잠김 상태를 확인하고 고정한다.
- 객실 통로에 승객의 수하물이 있는지 여부를 점검하고 수하물의 정위치 상태를 확인한다.
- 객실 통로의 청결 상태를 확인한다.
- 비상출구(Door) 주변 및 Door Slide Mode의 상태를 확인한다.

(3) 주방(Galley)

- Galley 내 모든 시설물 및 탑재물품의 닫힘 및 잠김 상태를 확인하고 고정한다.
- Galley Curtain을 고정한다.

7) 이륙 준비 완료

Take off Signal(Chime 3회)이 울리면 객실사무장은 이륙 전 안전점검 사항을 다시 한 번 확인하고 이륙 안내방송을 실시한 후, 기장에게 '이륙 준비 완료'를 보고한다.

8) 승무원 착석

이륙 전 안전점검을 마친 승무원은 좌석(Jump Seat)에 착석한 후 Seat Belt와 Shoulder Harness를 착용하고 충격방지자세(Crew Brace Position)를 취한다.

항공기 사고는 이륙 후 3분, 착륙 전 8분(Critical 11, 위험한 11분) 동안에 발생할 가능성이 가장 높기 때문에 승무원은 이 · 착륙 시 좌석에 앉아 '30 Seconds Review'를 실시한다.

'30 Seconds Review'란 이 · 착륙 시 발생할 수 있는 만일의 상황에 대비하여 비상상황 시 객실승무원이 취해야 할 일련의 행동 절차에 대해 머릿속으로 Review해 보는 것을 말한다.

갑작스럽게 발생하는 비상상황에 당황하지 않고 침착하게 대처하기 위해서는 다음 사항들을 사전에 Review해 보는 것이 바람직하다.

- 비상출구(Door)의 위치 및 조작 방법
- 비상장비의 위치 및 사용 방법
- 비상탈출 순서
- A.B.P(able-bodied passenger, 비상탈출 시 도움을 줄 수 있는 승객) 선정 기준 및 방법
- 충격방지자세
  - 두 발은 바닥에 붙이고 등과 허리는 좌석 등받이에 밀착시킨다.
  - 손바닥은 위로 향하게 하고 허벅지 안쪽에 집어넣는다.
  - 좌석이 항공기 전방을 향해 있는 경우에는 고개를 숙이고, 좌석이 항공기 후방을 향해 있는 경우에는 머리를 Jump Seat에 붙인다.
- 승객 통제
- 판단 및 조정
- 탈출 지휘

2절 비행 중 안전업무

1. 일상 안전업무의 이해

1) 일상 안전업무

일상 안전업무란 비행 중 발생할 수 있는 비상상황에 대비하여 승객과 승무원의 안전을 위해 비행 중 수행해야 하는 객실 내 제반 업무를 의미한다. 이러한 업무가 중요한 이유는 비행 중 발생되는 예기치 못한 사고에 신속히 대처함으로써 더 큰 사고를 미연에 방지할 수 있기 때문이다.

그러므로 객실승무원은 안전업무 및 그와 관련된 안전규정을 철저히 숙지하고 세심히 점검할 수 있어야 한다.

2) 일상 안전업무 내용

(1) 좌석벨트 착용

항공기 이·착륙 시에는 물론 비행 중에도 좌석에 앉아 있을 경우에는 항상 좌석벨트를 착용하는 것이 안전하다.

객실 내 좌석벨트착용 표시등(Fasten Seat Belt Sign)이 켜지면 객실승무원은 반드시 모든 승객이 좌석벨트를 착용할 수 있도록 해야 하며, 설사 좌석벨트착용 표시등(Fasten Seat Belt Sign)이 꺼진 상태라도 갑작스러운 기류 변화로 인한 Turbulence(기체 요동) 발생에 대비하여 상시 좌석벨트는 착용하고 있는 것이 바람직하다.

(2) 휴대 수하물 관리

승객의 휴대 수하물은 안전규정에 따라 선반(Overhead Bin) 등 규정된 적정 장소에만 보관해야 한다. 특히 비상상황 시 신속한 탈출에 방해가 될 수 있으므로 어떠한 경우에도 객실 통로 및 비상출구 근처에는 수하물을 두어서는 안 된다.

또한 선반에서 떨어지는 물건으로 인해 승객이 부상을 입을 수도 있으므로 선반을 열고 닫을 때는 항상 주의해야 한다.

객실승무원은 기내 반입이 허용되지 않은 품목이나 규격 등이 허용 기준을 초과한 수하물에 대해서는 적극적으로 제지해야 하며, 지상 직원의 도움을 받아 위탁수하물 등으로 처리해야 한다.

(3) 전자기기 사용 제한

휴대용 전화기, 무선 호출기 등의 일부 전자기기는 사용 시 전자파를 발생시켜 항공기의 항행 및 통신장비에 영향을 주기 때문에 특히 항공기 이·착륙 시에는 사용을 금지하고 있다.

이처럼 기내에서는 안전운항에 저해요인이 되는 휴대용 전자기기의 사용을 금지, 제한할 수 있으나 모든 항공사가 전자기기 사용에 대한 동일한 기준을 적용하는 것은 아니다.

항공사에 따라 조금씩 상이한 기준을 적용하고 있으며, 우리나라 국토교통부에서는 2014년 3월부터 모든 비행단계에서 일부 기능을 제한한 비행기 모드로 전환할 경우 전자기기를 사용할 수 있도록 허용하고 있다.

(4) 금연 수칙 준수

기내 흡연은 승객의 안락한 여행을 저해하는 요인이자, 기내 화재로 이어질 수 있는 위험한 행위이기 때문에 모든 항공기 내에서의 흡연은 「항공안전 및 보안에 관한 법률」에 의거하여 금지된다. 항공기 운항 중 위반 시에는 500만 원 이하의 벌금형에, 공항 계류 중 위반 시에는 200만 원 이하의 벌금형에 처해지며, 이는 전자담배도 동일하다.

또한 흡연을 저지하는 승무원을 폭행하는 등 항공기의 보안이나 운항을 저해한 경우에는 5년 이하의 징역에 처해지도록 되어 있다.

따라서 객실승무원은 화장실(Lavatory) 내에서 흡연하는 승객이 없는지 세심히 주의를 기울여야 하며, 흡연 승객을 발견했을 경우에는 즉시 제지하고 기장과 협의하여 형사상의 책임을 물을 수 있도록 해야 한다.

- 최초 적발 시: 경고장 제시 및 경찰 인계에 대한 강력 경고
  모든 승무원과 정보 공유
- 재흡연 시: 항공기 도착 후 경찰에 인계

2. 항공 보안업무의 이해

1) 항공 보안업무

항공 보안업무란 항공기 탑승수속에서부터 항공기 도착까지 발생하는 일련의 위험으로부터 항공기와 승객을 보호하는 업무를 말하며, 항공기 내에서 이루어지는 모든 범죄 행위, 즉 항공기 납치(Hijacking), 폭파위협, 협박전화, 위험물의 기내 반입 행위, 기내 난동 등 기내 위협과 방해 행위로부터 항공기 및 승객의 생명과 재산을 보호하는 것을 의미한다.

2) 항공 보안업무 내용

기내 보안점검 3대 요소

- 기내 의심 물품 확인
- 기내 보안장비 정위치 확인
- 기내 비인가자 출입 제한

- 승무원은 모든 항편의 운항 시작 전 지상에서 기내 보안점검을 실시해야 한다.
- 승무원은 승객 탑승 시부터 하기 시까지 항상 최고의 보안 의식을 유지해야 한다.
- 승무원은 조종실(Cockpit) 근처에 외부인들이 접근하는 것을 차단하고, 승무원 본인도 반드시 정해진 출입절차를 엄수해야 한다.
- 승무원은 의심스러운 행위를 하는 사람을 발견하면 먼저 신분증 제시를 요구하고, 비인가자인지 확인한다.
- 승무원은 점검 도중 의심스러운 물건을 발견하면 즉시 점검을 중단하고 기장에게 보고해야 한다.
- 승무원은 휴식 중에도 화장실(Lavatory) 및 승무원 휴식공간(Bunk)에 대한 점검을 철저히 해야 한다.
- 승무원은 위험물을 기내로 반입하는 승객이 있는지 세심히 살펴야 한다.
- 승무원은 비행 중 이상한 냄새나 소리가 나지 않는지 세심히 살펴야 한다.
- 승무원은 기내 용품을 안전하게 봉인(Sealing)하여 인계해야 한다.
- 승무원은 매 항편 종료 시 기내 유실물 및 잔류 승객이 있는지 확인해야 한다.

3. Turbulence

1) Turbulence

Turbulence란 난기류 등으로 인해 항공기 기체에 요동이 일어나는 것 말한다.

대부분의 Turbulence는 크게 위험하지 않지만, 경우에 따라서는 승객과 승무원의 부상을 초래할 수 있으므로 좌석벨트는 상시 착용하는 것이 바람직하다.

2) Turbulence 발생 시 대응 절차

- 모든 승객은 좌석벨트착용 표시등(Fasten Seatbelt Sign)의 점등 여부와 상관없이 좌석에 앉아 있는 동안에는 안전을 위해 상시 좌석벨트를 착용해야 한다.
- Turbulence가 발생해 좌석벨트착용 표시등(Fasten Seatbelt Sign)이 점등되면 기내방송 담당 승무원은 즉시 Turbulence 안내방송을 실시하고, 객실승무원은 곧바로 담당 업무구역(Zone) 승객들의 좌석벨트 착용 상태를 점검한다.
  - 이때 취침 중인 승객이 있을 경우에는 반드시 깨워서 좌석벨트를 착용하도록 해야 한다.
- 객실을 이동하거나 화장실을 사용하는 승객에게는 즉시 좌석으로 돌아가 좌석벨트를 착용하도록 안내한다.
- 기내 물품 및 시설물을 정 위치에 보관하고 닫힘 및 잠김 상태를 확인한 후 움직이지 않도록 고정한다.
- 승객의 좌석벨트 착용 상태를 확인하기 위해 조명은 밝게 조절한다. 단, 영화 상영 시나 승객 휴식 시 Cabin Light가 Night(또는 Off)로 되어 있는 경우에는 객실 조명을 일차적으로 Dim 상태로 조절한다.
- 승객의 좌석벨트 착용상태 점검 및 기내 시설물의 고정 상태 등의 확인이 완료되면 객실승무원도 승무원 좌석(Jump Seat)에 착석한다.
- Moderate Turbulence나 Severe Turbulence 시 좌석벨트착용 표시등(Fasten Seatbelt Sign)이 2회 'On/Off' 되거나 기장이 착석 지시 방송을 할 경우에는 무리하게 승객의 좌석벨트 착용 유무를 확인하지 않고 객실승무원 역시 가까운 승객 좌석이나 승무원 좌석(Jump Seat)에 착석한다. 운항승무원의 별도의 지시가 있을 때까지 착석 상태를 유지한다.
- 좌석벨트착용 표시등(Fasten Seatbelt Sign)이 장시간 점등되어 승객들이 좌석벨트 착용을 유지하지 않을 경우에는 안전을 위해 주기적으로 반복하여 방송을 실시한다.

• 객실사무장은 운항승무원에게 Turbulence의 강도와 예상 지속시간, 주기 등을 문의하여 이후 객실서비스 진행 상황을 결정한다.

3) Turbulence 유형별 현상 및 행동지침

Turbulence는 강도에 따라 Light Turbulence, Moderate Turbulence, Severe Turbulence로 구분된다.

(1) Light Turbulence

• 기내 현상: - 음료수가 컵 안에서 찰랑거린다.
- 카트(Cart) 이동에 약간 어려움이 있다.
- 승객의 복부가 좌석벨트에 약간 압력을 받는다.

• 알림 신호: - 좌석벨트착용 표시등(Fasten Seat Belt Sign) 1회 On-Off

• 행동 지침: - 조심스럽게 서비스를 계속한다.
- 뜨거운 음료를 서비스할 때는 특히 주의한다.
- 승객의 좌석벨트 착용 여부를 확인한다.
- 화장실 내 승객 유무를 확인한다.

(2) Moderate Turbulence

• 기내 현상: - 음료수가 컵 밖으로 넘친다.
- 기내 보행이 어렵다.
- 기내시설을 잡지 않고 서 있기가 어렵다.
- 카트(Cart)를 움직이기가 어렵다.
- 승객의 복부가 좌석벨트에 의해 압박을 받는다.

• 알림 신호: - 좌석벨트착용 표시등(Fasten Seat Belt Sign) 2회 On-Off

- 행동 지침: - 서비스를 중단한다.
  - 카트(Cart) 상단의 물건들을 고정한다.
  - 오래 지속되는 경우 카트(Cart)를 Compartment에 보관한다.
  - 즉시 승무원 좌석(Jump Seat)으로 돌아가 착석한다.
  - 승무원 좌석(Jump Seat)으로 돌아가면서 승객의 좌석벨트 착용 상태를 육안으로 확인한다.
  - 가능한 경우 화장실 내 승객 유무를 확인하고 이용 승객에게는 즉시 좌석으로 돌아가 좌석벨트를 착용토록 한다.

(3) Severe Turbulence

- 기내 현상: - 컵이 바닥으로 떨어진다.
  - 고정하지 않은 물건들이 튀어 오른다.
  - 기내보행 및 서비스가 불가능하다.
  - 승객의 복부가 좌석벨트에 의해 강하게 조여진다.
- 알림 신호: - 좌석벨트착용 표시등(Fasten Seat Belt Sign) 2회 On-Off
- 행동 지침: - 서비스를 즉시 중단한다.
  - 카트(Cart) 브레이크를 신속히 밟는다.
  - 승무원도 즉시 가까운 빈 좌석에 앉는다.
  - 카트(Cart)가 있을 때는 반드시 잡고 앉는다.
  - 뜨거운 Coffee나 Tea 서비스 시에는 Pot을 바닥에 내려놓는다.
  - 승객의 좌석벨트 착용을 무리하게 확인하지 않는다.

4. 기내업무 방해 행위

1) 기내업무 방해 행위

기내업무 방해 행위란 항공기 내에서 승무원의 정당한 업무집행을 방해하거나 승무원과 타 탑승객의 신체 및 재산, 항공기 기물 등에 대한 과격 행위, 위협적인 폭언, 폭행과 협박 등으로 기내 질서와 항공기의 안전 운항을 저해하는 승객의 일체 행위를 말한다.

승객이 자제력을 잃고 승무원의 정당한 업무를 방해하거나 승무원의 제지를 인정하지 않는 이러한 기내업무 방해 행위는 안타깝게도 점점 증가하는 추세이다. 더욱 심각한 것은 이러한 기내업무 방해 행위로 인해 안전 운항에 지장을 초래하는 심각한 사건들이 매년 증가하고 있다는 것이다.

2) 기내업무 방해 행위 유형

(1) 유형1(공격적이나 설득 가능: Complied)

- 종류: 항공기 지연 운항(Delay), 좌석 불만, 기내판매 불만, 타 승객에 대한 불만 등
- 특징: 제기된 불만 사유에 대해 정확한 인지가 가능하다.
  불만요인에 대한 해결이 가능하다.

(2) 유형2(공격적이며 대화 어려움: Does Not Comply)

- 종류: 흡연, 전자기기 사용규정 위반, 만취난동, 타 승객과의 싸움, 폭언, 성추행, 기타 제반 규정 위반 등
- 특징: 승무원의 업무 및 타 승객들의 여행을 방해한다.
  승무원이 개입해야 해결 가능성이 있다.

(3) 유형3(범법적 성격이 농후: Criminal Offense)

- 종류: 심각한 위협 행위, 기내설비 및 시스템 파괴 행위, 승무원 및 승객에 대한 신체적 상해 행위, 허가 없이 기내 반입한 무기류의 휴대 등
- 특징: 안전 운항 및 승객과 승무원의 안전을 심각하게 위협한다. 범죄적 성격이 농후하다.

3) 기내업무 방해 행위 시 대응절차

(1) 1단계: 설득과 요청

- 해당 승객의 언행이 규정에 위반되며 주위 승객의 쾌적한 여행과 안전 운항에 방해가 됨을 주지시키고 부적절한 행위 중단을 요청하거나 설득한다.
- 이때 승객이 행위를 중단하면 더 이상의 조치가 필요 없으나 지속할 경우 2단계를 적용한다.

(2) 2단계: 구두 경고 또는 경고장 제시

- 1단계 승무원의 설득이나 요청에도 위반 행위를 지속할 경우 난동 승객에게 규정위반에 대해 설명하고 구두 경고 또는 경고장을 제시하며 사법처리될 수 있음을 경고한다.
- 기내업무 방해 행위 발생보고서를 작성한다.

(3) 3단계: 강력 대응

- 2단계 조치 후에도 해당 승객이 위반 행위를 지속하고 승무원의 요청에 불응할 경우 사무장은 기장과 협의하여 해당 승객을 구금하거나 주변 승객과 격리 조치한다.
- 기장은 도착지 공항에 경찰대기를 요청한다.

5. 기내 안전 위협 상황

1) 기내 난동 승객

기내 난동 승객이란 항공기 내의 질서 및 규정을 이행하지 않고 승무원의 지시를 거부하고 난폭한 언행 등으로 승무원과 승객의 안전을 위협하는 승객을 말하며, 승무원은 이러한 승객의 행동에 적절하고 단호하게 대처해야 한다. 항공안전과 보안을 위협하는 기내 난동 승객 사고는 항공사와 승무원이 직면하고 있는 심각한 문제 중 하나이며, 그 수치 또한 매년 늘어나고 있어 세계 모든 항공사들은 "Zero Tolerance(무관용 원칙)"을 선포하고 기내 난동 승객 근절을 위한 대책을 고심하고 있다.

(1) 기내 난동 승객 범위

① 승무원 업무 방해 및 폭행 행위

- 승무원의 정상적인 업무 수행을 방해하는 언어적 · 신체적 위협, 폭행, 협박 등을 행하는 자
- 항공기 내의 안전과 질서를 유지할 목적으로 기장 또는 기장을 대신한 객실 승무원의 법적인 지시를 거부하는 자

② 항공기 질서와 규율을 위험에 빠지게 하는 행위

- 음주로 인한 만취 및 항공기물을 파손하거나 훼손하는 행위 등으로 인해 기내 질서 및 규율을 위험에 빠트려 항공기와 타 승객의 안전을 위협하는 자
- 승무원과 타 승객을 성희롱 또는 성추행하는 등 신체적 폭력을 행사하는 자

③ 기타 불법 방해 행위

- 기내 안에서 사용이 금지된 전자기기를 사용하는 자

- 기내 화장실 등에서 흡연하는 자
- 연기탐지기(Smock Detector) 또는 기타 안전 관련 설비가 작동되지 못하게 하는 자

(2) 기내 난동 승객 발생원인

- 서비스 불만족(항공기 지연, 기내설비 고장, 좌석 불편 등)
- 음주 만취
- 승객 간 폭행
- 정신질환

(3) 기내 난동 승객 대응절차

① 1단계

- 수준: 수상한 행동 및 언어폭력 행위
- 대응절차: 흡연 및 단순 소란행위 등에 대한 구두 경고 및 경고장 제시

② 2단계

- 수준: 육체적 폭력 행위
- 대응절차: 승무원의 정상적인 업무를 방해하고 타 승객에게 위협이 되므로 포승줄, 타이랩(Tie-Wrap) 등의 보안 장비를 이용하여 제압 및 구금 조치

③ 3단계

- 수준: 생명을 위협하는 행위
- 대응절차: 무기 등을 사용하여 생명을 위협하는 행위 등에 대해 테이저건(Taser Gun) 및 포승줄, 타이랩(Tie-Wrap) 등의 보안 장비를 이용하여 신속하게 제압 및 구금 조치

④ 4단계

- 수준: 조종실 침범 행위
- 대응절차: 항공기 납치(Hijacking), 폭파, 손상을 일으키려는 행위 등에 대해 테이저건(Taser Gun) 및 포승줄, 타이랩(Tie-Wrap) 등의 보안 장비를 이용하여 신속하게 제압 및 구금 조치

2) 의심 승객 및 물품

(1) 의심 승객

- 객실승무원의 동태를 지속적으로 관찰하고 시종일관 불안한 모습을 보이는 승객
- 매우 불안해하며 주위를 살피고 승무원의 시선을 피하는 승객
- 탑승 직후나 출발 전 화장실을 들락거리거나 오랜 시간 화장실에서 나오지 않는 승객
- 좌석에 착석하지 않고 계속 주변을 서성이며 돌아다니는 승객
- 액체나 고체성 물질을 아주 조심스럽게 운반하는 승객
- 휴대폰이나 시계 등의 전자용품과 연결된 물체를 은밀히 분해하거나 조립하는 등의 비정상적인 행위를 하는 승객
- 칼이나 권총, 폭발물처럼 보이는 흉기 및 무기류를 소지하고 있는 승객
- 항공기 이륙 전 지상에서 갑자기 적절하지 못한 이유를 들어 항공기에서 하기하겠다고 요청하는 승객

(2) 의심 승객 발견 시 조치

객실승무원은 승객의 의심스러운 행위를 발견하면 즉시 객실사무장에게 보고하여 기장과 협의 후 공항 관계기관이나 공항경찰대에 신고하여 협조를 구하는 등

적절한 안전 및 보안 조치를 취해야 한다. 또한 적절한 조치가 취해져 안전이 확보될 때까지 감시 활동을 강화해야 하며, 만일 조종실에 진입하거나 파손하려는 시도나 항공기 납치(Hijacking) 등의 위협 상황이 발생하여 구두나 인터폰을 이용한 보고를 할 수 없는 경우 설치된 비상벨을 이용하여 위험상황을 알린다.

(3) 의심 물품

- 상식적으로 이해가 안 되는 장소에 놓여 있거나 들어 있는 물건
- 무언가 누출된 것처럼 보이는 물건
- 이상한 모양과 냄새를 풍기는 물건
- 시계 초침 소리가 들리거나 배터리, 전선 등이 연결되어 있는 물건

(4) 의심 물품 발견 시 조치

객실승무원은 의심 물질이나 장치, 가방, 액체류 등을 발견하면 만지거나 분해, 이동시키지 않은 상태로 즉시 객실사무장 및 기장에게 보고하여 공항 관계기관이나 공항경찰대에 신고될 수 있도록 해야 한다.

3) 폭발물 위협

승무원은 객실 내에서 폭발물로 의심되는 물품을 발견하면 일단 해당 물품을 만지거나 이동시키지 않아야 한다. 폭발물은 부비트랩(Booby Trap)이나 원격조종을 통해 뇌관이 작동될 수 있으므로 발견 즉시 기장에게 보고하여 공항 관계기관 전문가들과 상의해야 한다. 폭발물로 의심되는 물품을 보고할 때에는 폭발물의 외형이나 크기, 종류와 수량, 위치 등에 대해 자세히 보고해야 하며, 폭발물 전문가들로부터 해체나 이동에 대한 지시가 내려오면 지시에 따라 행동해야 한다.

(1) 지상에서의 폭발물 위협

- 항공기 운항 전 폭파 위협을 받았거나 폭발물을 발견하였을 경우에는 승객의 탑승을 즉시 중단시킨다.
- 항공기 폭파 위협 시에는 기장과 협의하여 승객들이 신속히 하기할 수 있도록 안내한다. 승객들이 휴대 수하물을 소지하고 내릴 때에는 이로 인해 하기가 지연되지 않도록 한다.
- 의심스러운 물건을 발견한 경우에는 폭발물 처리 전담반에 즉시 정보를 제공한다.
- 폭발물 처리 전담반이 기내 검색이 필요하다고 할 때에는 기내 구조에 대해 설명하고 안내하는 등 검색에 협조한다.
- 기장은 항공기를 격리 주기장으로 이동하거나 다른 항공기가 없는 안전한 장소에 주기한다.

(2) 비행 중 폭발물 위협

- 항공기 운항 중 폭파 위협을 받았을 경우, 객실승무원은 승객들이 상황을 눈치채지 못하도록 신속하고 조용히 기내 검색을 실시한다.
- 위험한 상황일 경우, 기장은 객실승무원으로 하여금 승객들의 짐을 승객 무릎 위에 올려놓도록 하고 점검을 실시한다.
- 객실에서 폭발물로 의심되는 물건을 발견하는 즉시 기장에게 보고하고 다른 승무원들도 이를 인지할 수 있도록 상황을 전달한다.
- 객실승무원은 의심스러운 물품으로부터 승객들을 가급적 멀리 대피시킨다.
- 객실승무원은 의심스러운 물품 주변을 감시하며 무단으로 접촉하는 일이 발생되지 않도록 하고 기장의 다음 지시를 기다린다.
- 기장의 지시에 따라 의심스러운 물품을 옮겨야 할 경우에는 방폭 조끼를 착용하고 폭발물 피해 최소구역(Least Risk Bomb Location, LRBL)으로 의심물품을 옮긴다.

- 폭발물 피해 최소구역(Least Risk Bomb Location, LRBL)에서 폭발물 피해를 최소화하기 위한 절차대로 처리한다.
- 기장은 비상착륙 여부를 결정한다.
- 조종실에서는 폭발물 피해 최소구역(Least Risk Bomb Location, LRBL)의 전원을 차단한다.
- 항공기 착륙 후에는 승객을 신속히 하기시킨다.

(3) 폭발물 피해 최소화 처리 절차

- 모든 항공기의 폭발물 피해 최소구역(Least Risk Bomb Location, LRBL)인 R Side 최후방 Door의 Door Mode를 Disarmed로 변경한다.
- 바닥에서부터 Door 중간 부분까지 승객이나 승무원 짐가방(Carrier) 등을 쌓는다.
- 쌓아 올린 짐가방(Carrier) 위로 물에 적신 담요와 옷가지 등을 25cm 이상 쌓는다.
- 담요와 옷가지 위로 방폭 담요를 덮고 조심스럽게 폭발물을 중앙에 놓은 후 그 주변에 젖은 담요와 옷가지 등을 평평하게 놓는다.
- 이 상태에서 다시 25cm 이상 젖은 담요와 옷가지를 덮고 그 위와 주변을 짐가방(Carrier)과 승객 좌석 쿠션 등을 이용하여 Door 천정까지 쌓는다.
- 쌓아 올린 물건들이 무너지지 않도록 스타킹, 넥타이 등을 이용하여 견고하게 고정시킨다.

4) 항공기 납치(Hijacking)

항공기 납치(Hijacking)란 개인 또는 단체가 비행 중인 항공기를 점거하여 항공기 또는 탑승객의 안전을 위협하는 행위를 말한다.

(1) 승무원의 대응

항공기가 불법 납치된 상황에서 객실승무원은 승객과 승무원들의 안전 확보를 최우선에 두고 행동해야 한다. 먼저 객실승무원은 인터폰을 통해 신속히 기장에게 항공기 납치상황을 보고한다. 이때 범인들의 국적이나 성별, 인원, 소지한 무기, 범행목적, 범행내용 등 다양한 정보들을 정확히 알려야 한다. 인터폰 사용이 여의치 않을 경우에는 가장 가까이에 있는 비상벨을 눌러 항공기 납치(Hijacking) 상황을 알린다. 이때 객실승무원은 납치범들을 제압하려 하지 않는 것이 좋으며, 특히 무력 사용 시에는 신중을 기해야 한다. 또한, 승객을 안심시켜 동요를 방지하고 비상착륙에 대비한다. 기장은 가능한 경우 납치범에 대한 정보를 지상에 전달하고 가까운 곳에 비상착륙을 시도한다.

(2) 납치범 대응 원칙

- 납치범을 설득하거나 회유하는 등의 방법으로 상황을 지연 또는 단념시킨다.
- 납치범을 자극하거나 흥분시키는 과격한 언행을 삼간다.
- 납치범을 무시하거나 논쟁을 하지 않는다.
- 납치범에게 공범이 있을 수 있다는 것을 예상하고 대응한다.
- 객실승무원은 승객의 불안감을 감소시키고 안정감을 줄 수 있도록 계속 승객의 가시권에 있는다.

08

Chapter

기내 비상 안전업무

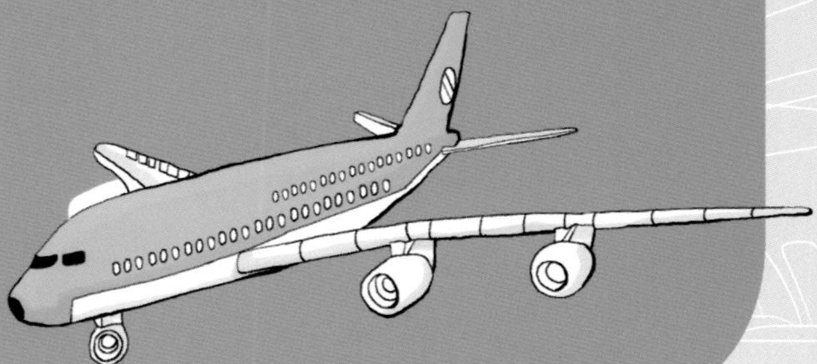

Chapter

08 기내 비상 안전업무

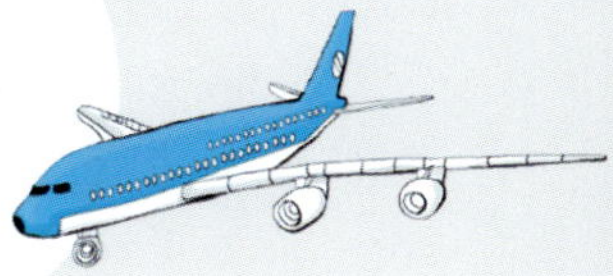

학습목표

1. 기내 감압 현상에 대해 알 수 있다.
2. 기내 감압 현상 발생 시 절차에 따라 조치를 할 수 있다.
3. 오븐(Oven) 화재 발생 시 절차에 따라 화재를 진압할 수 있다.
4. 기내 화장실(Lavatory) 화재 발생시 절차에 따라 화재를 진압할 수 있다.

1절 기내 감압

객실승무원은 객실 내 여압 및 감압에 문제가 있거나 징후가 있는 경우 신속한 대처를 위하여 훈련해야 한다.

1. 기내 감압(Decompression)

기체에 생긴 구멍이나 틈으로 인해 객실 기압이 떨어지는 현상을 의미한다.

여압장치란?

항공기가 순항하는 고도의 기압은 지상의 기압보다 낮다. 따라서 항공기에는 기내에서 압력을 높여 기내의 기압을 지상의 상태와 동일하게 유지시켜 주어야 하는 장치가 설치되어 있는데 이것을 여압 장치라 한다.

2. 감압 현상의 종류

1) 완만한 감압(Insidious Decompression)

(1) 정의

① 완만한 감압이란 비행 중 기내 압력이 서서히 빠져 나가는 현상을 의미

② 항공기 도어(Door)나 창문(Window) 주위의 틈새를 통해 기압이 빠져나가거나 여압 장치의 고장으로 발생

(2) 현상

① 귀가 멍멍해 지거나 휘–익 하는 바람 소리가 난다.

② 바람이 새는 소리가 들린다.

③ 도취감(이유 없는 자신감)이 생긴다.

④ 어지러움을 느낀다.

⑤ 객실의 온도가 떨어진다.

⑥ 귀의 통증을 느낀다.

2) 급격한 감압(Rapid Decompression)

(1) 정의

① 비행 중 기내 압력이 빠른 시간 내에 빠져나가는 현상

② 항공기의 외벽의 손상, 폭발물의 폭발, 화기의 발사 등으로 발생

③ 심한 경우에는 "폭발적 감압"의 형태로 나타날 수 있다.

(2) 현상

① 굉음이 들린다.

② 객실의 온도가 떨어진다.

③ 차가운 바람 유입된다.

④ 안개 현상이 나타난다.

⑤ 파편 조각이 날아다닌다.

3) 감압 발생 시 공통현상

(1) 산소마스크가 떨어진다.

(2) 좌석벨트 표시등과 금연 표시등이 켜진다.

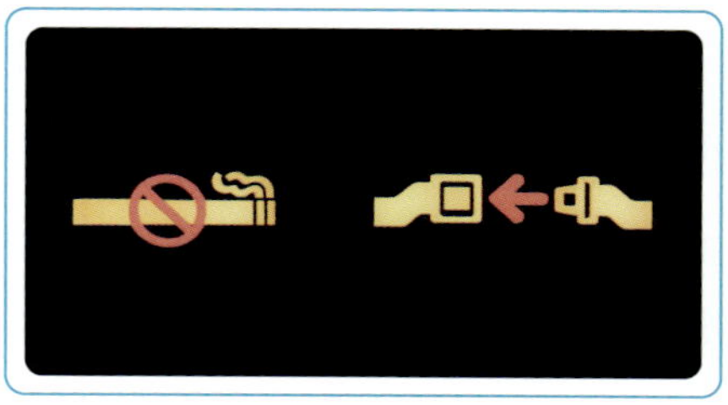

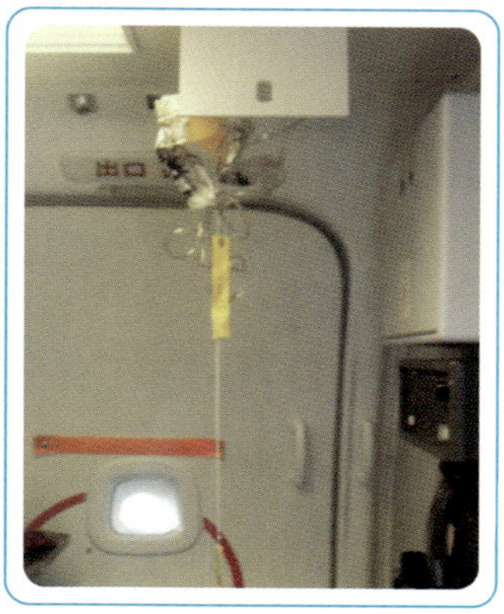

3. 감압 발생 시 조치 사항

1) 운항승무원의 조치 사항

(1) 산소마스크를 즉시 착용한다.

(2) 항공기를 신속하게 고도 10,000ft까지 하강시킨다.

(3) 좌석 벨트 사인과 금연 표시등이 켜져 있는지 확인한다.

2) 객실승무원의 조치 사항

(1) 산소마스크 즉시 착용

근처의 산소마스크를 즉시 착용한다.(승객보다 먼저 산소를 공급받아야 한다)

(2) 즉시 착석

근처의 빈 좌석에 즉시 착석한다.

빈 좌석이 없을 경우, 안전한 위치에 앉아 몸을 고정시킨다.

(3) 샤우팅(Shouting)과 함께 승객들의 마스크 착용을 확인한다.

"산소마스크 써"

"벨트 매"

(4) 어린이를 동반한 승객은 보호자가 먼저 마스크를 착용 후 어린이의 마스크 착용을 도와주도록 안내한다.

(Infant의 동반으로 좌석 수보다 부족한 산소마스크는 앞, 뒤열의 남는 산소마스크를 당겨서 착용할 수 있다.)

(5) 화장실에 있는 승객은 즉각 나오도록 안내하며, 빈 좌석에 착석 및 가까운 위치의 산소마스크를 쓰도록 안내한다.

(6) 가능한 경우 객실승무원은 O_2 Bottle을 착용하고 승객의 산소마스크 착용을 돕거나 산소마스크가 떨어지지 않은 좌석의 경우 마스크를 수동으로 떨어뜨

린다.

(7) 운항승무원과 Communication 실시

① 객실승무원과 운항승무원과의 의사소통(Communication)과 협조(Coordination)는 필수적이다.

② 완만한 감압의 경우 운항승무원에게 연락을 취하여 상황과 산소마스크를 착용했음을 알린다.

3) 감압 현상 후 절차

(1) 운항승무원으로부터 움직여도 좋다는 연락을 받은 후 객실 점검을 실시한다.

(2) 승객을 안정시키고 부상 승객이 있는지 확인 후 조치한다.

(3) 동체가 파손된 경우, 바람이 불거나 위험한 곳으로부터 승객을 이동시킨다.

(4) 기타 화재 여부 및 위험 요소를 파악한다.

(5) 객실 Lavatory를 점검한다.

(6) 사용한 산소마스크는 반드시 seat pocket에 보관한다.

4. 감압 현상 후 후유증

감압 시 승객에게 일어날 수 있는 상황에 대해 객실승무원은 응급조치를 해야 한다

1) 감압 후유증

급격한 여압의 감소로 인해 체내 신진대사가 원활하지 못하여 발생하는 부작용

(1) 증상

① 관절 및 관절 주위에 통증 및 압박이 나타난다.

② 가슴 통증을 느낀다.

③ 따끔거림, 가려움, 피부 발진의 현상이 나타난다.

④ 시야가 흐려지고 두통이 나타난다.

⑤ 발열, 발한 현상이 나타난다.

⑥ 움직임이 둔해진다.

(2) 응급조치

① 통증 및 기타 증상은 항공기 강하 후 자연스럽게 감소하여 없어진다.

② 통증 부위를 움직이지 않도록 고정한다.

③ 운동을 피하도록 한다.

2) 저산소증(Hypoxia)

산소의 부족 현상으로 감압 현상 시 일어나는 현상

(1) 증상

① 호흡이 빨라진다.

② 두통과 어지럼증을 느낀다.

③ 깊은 잠에 빠지거나 자려고 한다.

④ 판단력 및 시력이 저하된다.

⑤ 신체 균형 감각을 상실한다.

⑥ 입술, 귀, 뺨 및 손톱의 뿌리 근처가 푸르스름해진다.

⑦ 심할 경우 의식을 잃는다.

(2) 응급조치

① 즉시 산소를 공급한다.

② 승객을 안정시킨다.

③ 활력 증상을 관찰한다.

(3) 유효 의식 시간(Time of Useful Consciousness, TUC)

① 감압이 시작된 시점부터 신체의 산소 부족으로 인하여 적절하고 효과적인 행동을 할 수 없게 되기까지의 일반적인 소요 시간을 의미한다.

② 유효 의식 시간에 가장 크게 영향을 미치는 요소는 감압현상의 발생 시 항공기 고도이다.

▶ 고도에 따른 유효시간

고도	급격한 감압	완만한 감압
15,000ft	15~20분	30분
25,000ft	2분50초	5분
30,000ft	30초~1분	1~2분
40,000ft 이상	18초	18초

2절 기내 화재

객실승무원은 화재 발생 시, 운항승무원과의 원할한 Communication이 필수적이며, 신속하게 화재를 진압해야 한다.

1. 화재 발생 시 객실승무원의 조치

(1) 도움을 청한다.(화재 상황이 급박한 경우 우선 먼저 화재를 진압한다.)
다른 승무원들에게 상황을 알리고 도움을 구한다.

(2) 기장에게 보고한다.

① 한 명의 객실승무원은 조종실과 연락을 유지, 상황을 알린다.

② 화재의 정확한 위치

③ 화재의 특성, 색깔, 냄새

④ 객실승무원의 조치 사항 및 승객 반응

(3) PBE(Protective Breathing Equioment)를 착용한다.

(4) 석면 장갑을 착용한다.

(5) 연기 및 화재의 근원지를 찾는다.
객실, Galley, Lavatory 등을 철저히 조사한다.

(6) 화재의 성격을 파악하고 이에 맞는 소화기를 사용한다.

(7) 필요시 전원을 끈다.
해당 장비의 Circuit Breaker를 뽑는다. 또는 Master Power Shut Off Switch를 이용하여 전원을 차단한다.

(8) 화재를 진압한다.

① 연기가 아니라 화재의 근원지를 찾아 화재를 진압한다.

② 소화액을 충분히 뿌린다.

③ 화재가 재발되지 않도록 진화된 화재를 재점검한다.

(9) 승객을 진정시킨다.

① 승객을 연기 및 화재로부터 대피시킨다.

② 방송 또는 메가폰으로 승객에게 알린다.

③ 자세와 머리를 낮추도록 한다.

④ 승객의 안면을 가능하면 젖은 천으로 가리게 한다.
필요시 젖은 수건을 배포하거나 물을 적실 수 있도록 물을 담아 제공한다.

(10) 상황을 판단하고, 기장의 지시에 따라 비상착륙을 준비한다.

2. 화재 발생 시 운항승무원의 조치

(1) 산소마스크를 즉시 착용한다.

(2) 환기시스템을 이용하여 객실의 연기를 제거한다.

(3) 비상착륙을 감안하여 항공기의 균형을 유지하며 하강을 시작한다.

(4) 비상착륙이 가능한 가장 가까운 공항에 접근한다.

(5) 상황을 판단하여 비상탈출을 지시한다.

3. 오븐(Oven) 화재

(1) 오븐(Oven)의 도어(Door)를 닫아 산소를 차단한다.

(2) 해당 오븐(Oven)의 Circuit Breaker를 잡아당겨 전원을 차단한다.

(3) PBE를 착용하고 Halon 소화기나 CO_2 소화기를 사용하여 화재를 진압한다.

4. 화장실(Lavatory) 화재

(1) 화재 감지 시 화장실(Lavatory)를 확인한다.

Smoke Detector의 경보음이 울리거나 연기 또는 기타 화장실 화재의 징후를 감지한 경우 해당 화장실(Lavatory)를 확인한다.

(2) 화장실(Lavatory)에 승객이 있는지 확인한다.

① 승객이 있는 경우

- 안에 있는 승객과 대화를 시도한다.
- 흡연이 원인을 경우, 담배를 끄도록 지시하고 완전히 꺼졌는지 육안으로 확인한다.
- 연기 제거를 위해 화장실 도어를 오픈한다.
- 흡연 사실을 다른 승무원에게 알리고 예의주시한다.

② 승객이 없는 경우

- 화장실 문에 손 등을 대어 열을 감지한다.
- 문이 뜨거울 경우 화장실 문을 조금 열어 화재 정도 및 근원을 확인하거나 문을 닫아둔 상태에서 화재 진압 장비를 신속히 준비한다.
- 문을 여는 순간 불꽃이 번져 나올 수 있으므로 화장실 문을 조심스럽게 연다(젖은 담요를 사용하여 불꽃이 먼저 나오는 것을 방지한다).
- 화재 진압 중 또는 종료 시 기장에게 보고하여 해당 화장실을 폐쇄한다.

09 Chapter

비상탈출

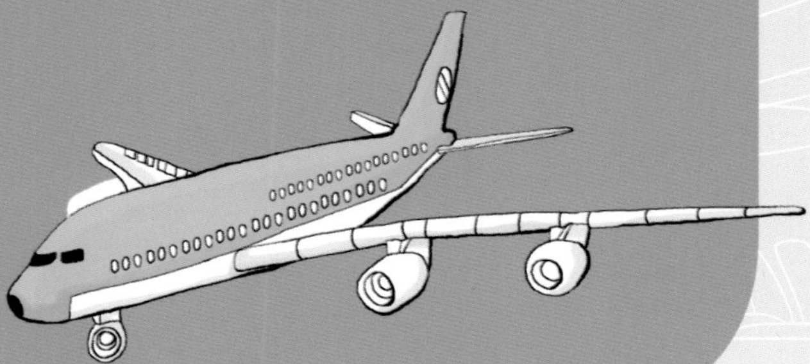

Chapter

09 비상탈출

학습목표

1. 준비된 비상탈출과 준비되지 않은 비상탈출에 대해 설명할 수 있다.
2. 준비된 비상탈출 절차에 따라 비상착륙 및 비상착수 발생 시 승객들을 탈출시킬 수 있다.

1절 비상탈출 훈련

- 항공기의 사건 · 사고는 큰 인명피해를 가져올 수 있으므로, 항공사는 항공기가 비상착륙 또는 착수하는 경우에 신속한 대처에 필요한 매뉴얼을 수립하고 필요한 업무와 점검내용을 객실승무원에게 훈련해야 한다.
- 비상 절차는 항공사가 수립한 운영 매뉴얼 내 모든 비정상 및 비상상황 절차를 의미하며, 비정상이란 평소 혹은 보통과 다른 상황 즉 정상 운항 상태를 벗어나 비상상황을 발생할 수 있는 조건을 말한다.(국토교통부 항공운항과 객실승무원 훈련지침)

1. Critical 11

항공기의 이륙 3분, 착륙 8분 동안은 항공기 사고의 78%를 차지하는 위험스러운 시점이다. 따라서 운항승무원을 비롯한 전 승무원이 가장 긴장해야 하는 시간이므로 비행의 위험 요소를 배제해야 한다.

2. Sterile Cockpit

(1) 항공기의 지상이동 및 비행고도 10,000ft 이하에서 운항하는 시점을 '비행중요단계'로 규정하고 있다.

(2) '비행중요단계'에서는 운항승무원의 업무에 방해를 줄 수 있는 객실승무원의 어떠한 행위도 금지한다.
(단, 항공기의 안전 운항에 지장을 줄 수 있는 상황이 발생한 경우에는 기장에게 연락을 취할 수 있다.)

3. 30 Seconds Review(비상탈출 절차 연상)

(1) 항공기 이 · 착륙시 객실승무원이 승무원 좌석(Jump Seat)에 앉아 현 단계에서 발생할 수 있는 비상사태를 스스로 가상하고 자신이 행할 행동을 30초 동안 구체적으로 연상(Review)하는 행동을 의미한다.

(2) 객실승무원의 착석 자세는 좌석벨트 및 어깨끈(Shoulder Harness)를 반드시 착용하고, 승무원 좌석(Jump Seat)에 바짝 기대어 양손바닥을 위로 향하게 하여 다리 밑에 고정시킨다.

(3) 객실승무원은 이 시간동안 진지한 자세로 임해야 하고 집중해야 하므로 이 시간을 "침묵의 30초"라고 부르기도 한다.

30 Seconds Review의 내용

- 충격방지자세
- 비상상황 통제 절차
- 비상구 위치 및 작동방법
- 안전 및 비상 장비의 위치 및 J/S 객실승무원 주위에 지정된 장비의 탈착
- 승객 통제
- 충격방지자세 명령
- 탈출 시 내 · 외부상황
- 탈출 명령 시 안전 공간 확보
- 탈출 명령어

2절 비상탈출 절차

기본적인 비상탈출 절차는 비상착륙 시와 비상착수 시 동일하다.

그러나 비상착수의 경우 수면 위에서 생존해야 하는 추가적인 문제가 발생한다.

비상탈출은 승무원과 승객을 위한 기본 원칙에 의하여 절차가 수립되어야 한다.

비상탈출 기본원칙

- 충격으로부터의 보호
- 항공기로부터의 보호
- 환경으로부터의 생존

- 비상탈출은 준비된 비상탈출(Planned Evacuation)과 준비되지 않은 비상탈출(Unplanned Evacuation)에 따라 절차를 수립해야 한다.
- 준비된 비상탈출은 항공기, 승무원, 승객 및 공항이 비상착륙 및 비상착수할 시간이 있는 경우이다. 승무원은 정해진 절차에 따라 상황이 가능한대로 비상탈출을 대비하고 기내방송으로 브리핑을 실시할 시간이 있음을 의미한다.
- 준비되지 않은 비상탈출일 경우, 승무원에게 탈출을 준비할 시간이 주어지지 않는다. 주로 항공기 이착륙 시에 주로 발생하며, 사전 통보가 전혀 없는 경우가 대부분이다. 시간적 여유가 없기 때문에 30 Seconds Review의 내용으로 바로 준비하여 비상탈출을 진행해야 한다.

1. 준비된 비상탈출(Planed Evacuation) 절차

1) 운항승무원 브리핑

항공기의 비상상황이 발생할 경우, 신속한 비상탈출을 위해 운항승무원과 객실승무원과의 의사소통 및 협조가 우선적으로 이루어져야 한다.

운항승무원은 다음과 같은 사항을 객실사무장에게 전달해야 한다.

(1) 비상상황의 유형(비상착륙/비상착수), 특성

(2) 비상탈출까지의 남은 시간(잔여 시간)

(3) 충격방지자세 신호 내용 및 신호자

(4) 비상탈출 신호 내용 및 신호자

2) 객실승무원 브리핑

(1) 운항승무원과의 브리핑 내용을 전체 객실승무원에게 전달하고, 비상착륙에 필요한 준비 사항을 전달한다.

(2) 사무장은 잔여시간을 고려하여 객실 준비 시간이 충분한 경우 Check-list에 따라 절차를 수립한다. 객실 준비 시간이 충분하지 못한 경우 별도의 객실 준비 절차를 실시한다.

(3) 신속한 탈출 준비를 위하여 승무원 간의 상호 협력한다.

(4) 임무를 분담하고 담당 탈출구를 지정한다.

(5) 승객에게 상황에 대한 정보 전달 시, 유의해야 할 행동 요령을 주지시킨다.

(6) 협조자 선정 및 협조 사항을 전달한다.

(7) 승객 좌석 재배치(탑승 승객수 파악, 특수 승객 등)를 상호 협의한다.

(8) 비상구 작동, 탈출 지휘 방법 및 탈출 후 행동 요령을 브리핑한다.

3) 승객 브리핑

항공사 절차에 따라 승객에게 브리핑을 실시하며, 브리핑 시 내용은 다음의 내용을 포함하고 승객에게 알려야 한다.

(1) 승객의 동요를 막고 승무원의 지시에 침착하게 따라야 피해를 최소화할 수 있음을 알린다.

(2) 객실승무원은 승객을 진정시키고 통제해야 한다.

(3) 사무장이 기내방송으로 브리핑을 실시한다.

(4) 승객 브리핑 방송 시 담당 Zone에서 Demonstration을 하고, 필요 시 승객에게 직접 설명한다.

승객브리핑 내용

- 어떤 수하물도 가지고 가지 말 것
- 충격방지자세
- 가장 가까운 비상구와 대체 비상구
- 하이힐을 벗어야 하는 경우
- 기내에서 구명복을 부풀리지 말 것(비상착수시)

4) 서비스 용품 보관

승객 자리의 서비스 용품을 회수한다.

5) 승객 안점 점검

(1) 좌석 벨트 착용 확인, 등받이, 발받침, 테이블, 개인용 모니터를 원위치한다.

(2) 귀걸이, 머리핀, 볼펜, 하이힐 구두 등 날카로운 물건 등은 승객의 가방이나 Overhead Bin 등에 보관한다. 안경은 벗어서 착륙 후 승객이 사용할 수 있는 곳에 보관하도록 한다.

(3) 넥타이와 목도리, 스카프 등 비상착륙에 의한 충격 시 목을 조일 수 있는 의류는 풀거나 느슨하게 풀도록 한다.

(4) 비상착수 시 모든 신발을 벗어서 가방이나 Overhead Bin에 넣도록 한다.

(5) 비상착수 시 구명복(Life Vest)을 착용(착용만 하고 부풀리지 않음)한다.

6) 승객 휴대품 보관 상태 점검

(1) 적정 장소에 보관되었는지 확인한다.

(2) 비상구나 통로 좌석에는 어떠한 짐도 없어야 한다.

7) 충격방지자세(Brace For Impact)

충격방지자세를 설명하고 시범을 보인다.

(1) 충격방지자세

① 충격방지자세란 항공기가 비상착륙(착수) 시 충격을 최소화하기 위한 자세로 신체에 미치는 위험을 감소시켜 강한 충격으로부터 생명을 보호하는 가장 효과적인 자세이다.

② 승객의 유형 및 좌석별로 상이하며, 비상사태의 유형에 따라 충격방지자세를 취하는 시점도 다르다.

③ 양 다리를 어깨 넓이로 벌리고 양손을 교차하여 앞좌석 등받이 상단(head rest)을 잡고, Bulk Head Seat의 앉은 승객은 머리를 숙여 무릎에 대고, 양 발을 어깨 넓이만큼 벌린 후, 양 팔로 발목을 잡거나 허벅지 밑으로 넣는다.

④ 좌석벨트를 착용한 유아(Child)는 좌석벨트가 몸에 밀착되지 않는다면 베개나 등을 보호할 수 있는 대용품을 등 뒤에 넣어준다. 착륙 전 보호자는 아이의 머리를 앞으로 숙이도록 안내한다.

(2) 좌석벨트 미착용 아기(Infant)의 충격방지자세

① 좌석벨트 미착용 아기(Infant)의 경우 좌석벨트는 보호자만 착용한다.

② 보호자는 아기(Infant)와 마주보면서 다리를 보호자의 허리에 감싸게 하여 앉거나 품에 앉는다.

③ 보호자는 아기(Infant)의 목을 받치고 구부린다.

④ 보호자의 다른 한 손은 앞좌석 등받이의 상단(Head rest)을 잡거나 자신의 다리 밑에 넣어 하반신을 감싼다.

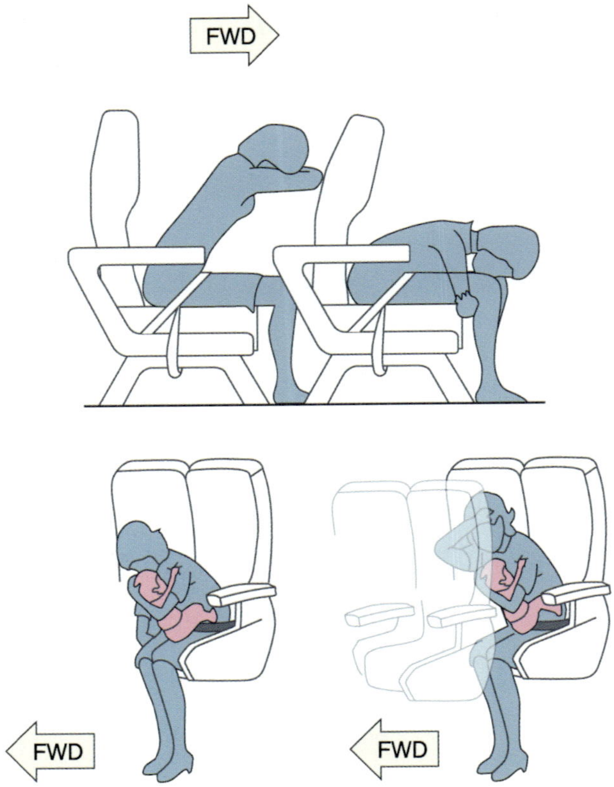

(3) 충격방지자세는 일반적으로 착륙 1분 전 좌석벨트 착용 표시등이 켜지고 신호음이 4회 울리거나 객실 사무장의 지시가 있을 때에 취한다.

(4) 충격방지자세는 항공기가 완전히 정지할 때까지 유지한다.

8) 탈출구 위치 안내

가장 가까운 비상구와 대체 비상구를 안내한다.

9) 승객 브리핑 카드 안내

승객 브리핑 카드의 내용을 승객에게 설명하고 안내한다.

10) 협조자 선정 및 좌석 재배치

(1) 승무원과 비상탈출을 돕는 협조자 2~3명을 모든 탈출구마다 선정한다.

(2) 방송을 통해 협조자를 찾는다.

(3) 협조자에게 임무를 부여한다.

① 협조자는 탈출구를 오픈하거나 승객의 비상탈출을 돕는다.

② 항공기 외부 화재, 항공기의 위치, 슬라이드 팽창 시 탈출 가능 상태를 확인하는 내용을 설명한다.

③ 승무원의 비상탈출지시에 의해 탈출구를 열도록 한다.

- 비상구를 여는 방법
- 슬라이드가 자동으로 팽창이 안 될 경우 매뉴얼 사용 방법 설명
- 비상구가 열리면 먼저 탈출하여 다른 승객의 탈출을 지상에서 돕도록 하는 내용 설명
- 비상착수 시에 사용하는 구명정(Raft) 또는 슬라이드/래프트(Slide/Raft)의 보관 위치, 사용 방법 설명
- 탈출 후 폭발에 대비 탈출한 승객들을 기체로부터 이탈하도록 명령

(4) 선정된 협조자는 해당 탈출구로 자리를 이동한다.

(5) 도움이 필요한(이동 불가) 승객의 비상탈출

① 장애인, 노약자, 환자, UM승객을 도와 탈출하는 협조자를 선정한다.

② 이동 불가 승객이 일반 승객의 비상탈출을 방해하지 않도록 주의한다.

③ 비상탈출 시 이동 불가 승객을 협조자가 뒤에서 끌어안고 탈출 미끄럼대(Evacuation Slide)를 타고 내려간다.

11) 객실/Galley 점점

(1) 승객 수하물의 보관 상태를 확인한다.

(2) Overhead Bin의 잠김 상태를 확인한다.

(3) 화장실의 승객 유무를 확인한다.

(4) 좌석벨트 착용 확인, 좌석 등받이, 발받침, 테이블, 개인용 모니터 등의 원위치 상태를 확인한다.

12) 최종점검

(1) 객실 조명을 Dim으로 한다.

(2) 기장에게 객실 준비 완료를 보고한다.

(3) 비상탈출에 관한 임무 재숙지

(4) 전승무원 Jump Seat 착석

13) Emergency Light On

착륙 약 2분 전 운항승무원의 지시 후 비상등을 켜서 비상탈출구를 알린다.

14) 충격방지자세 시연

(1) 충격방지자세는 기장의 Brace Position Signal이나 방송 후 실시한다.

(2) 객실승무원의 충격방지자세는 항공기 전방을 향하여 보고 착석하는 경우, 양 발을 어깨 넓이만큼 벌리고 손으로 Jump Seat을 잡고 머리를 앞으로 숙여 충격에 대비한다.

(3) 항공기 후방을 향해 보고 착석하는 경우에는 양 발을 어깨 넓이 만큼 벌리고

손바닥을 위로 하여 허벅지 밑에 넣고 머리를 Head rest에 밀착시켜 충격에 대비한다.

(4) 충격방지자세 신호가 울리면 샤우팅(Shouting)을 실시한다.

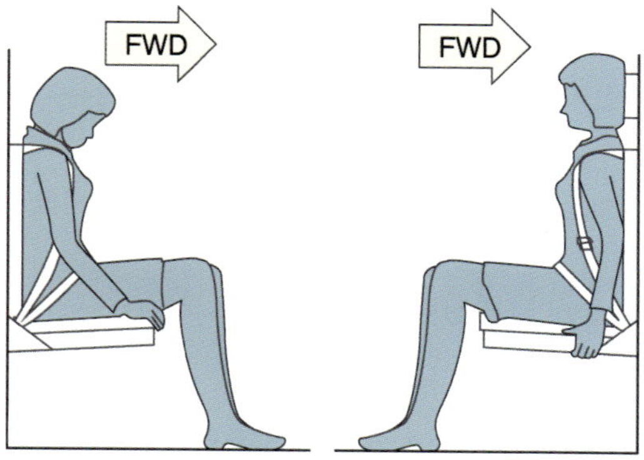

준비시간이 충분하지 못한 경우 객실 준비 절차 우선순위

- 객실, Galley, Lavatory 내부 확인 및 시설물 고정
- 승객 좌석벨트 착용, 등받이, 발받침, 테이블 원위치 확인
- 비상착수 시 구명복 착용 및 구명정(Raft) 사용에 대한 설명
- Emergency Exit 위치 안내

15) 항공기 탈출

(1) 항공기 정지 후 조종실(Cockpit)과의 연락

① 항공기가 완전히 정지 후, 기장으로부터 탈출 명령을 기다린다. 그러나 조종실로부터 아무런 연락이 오지 않을 때 사무장은 조종실(Cockpit)로 직접 연락을 시도한다.

② 조종실(Cockpit)로부터 비상탈출 지시가 있으면 즉시 비상탈출을 시도한다.

③ 객실승무원의 비상탈출 결정

객실승무원은 운항승무원이 객실과의 연락이 불가능할 경우, 다음과 같은 경우에 비상탈출을 스스로 결정할 수 있다.

- 심각한 구조적 손상
- 위협적인 수준의 화재 또는 연기
- 승객들이 직접적인 위험 상태에 직면해 있는 경우

(2) 탈출 지시

① 비상탈출(Evacuate)을 외친다.

② 좌석 이탈 명령을 지시한다.

③ 승무원은 해당 도어(Door) 위치로 이동한다. 기내가 어두울 경우를 대비해 손전등(Flash light)을 준비한다.

(3) 탈출

① 상황판단

- 구조적인 손상, 객실 화재 및 탈출구의 사용 가능성 여부를 확인한다.
- 외부상황을 파악하여 탈출 가능한 상태를 확인한다.(화재, 기체 자세, 탈출 가능 여부 등)

② 탈출구 작동

- 탈출구의 슬라이드 모드가 Armed 상태인지 확인한다.
- 탈출구를 연다.
- 슬라이드의 팽창 여부를 확인한다.
- 탈출을 지시한다.

③ 탈출-비상착륙

- 탈출이 진행되는 동안 객실승무원은 승객의 탈출의 방해가 되지 않게 도어 안쪽 벽면의 Assist Handle을 잡은 채로 벽면에 바짝 기댄다.

- “뛰어”, “Jump”를 외치고 최대한 빠른 시간 내에 승객을 탈출시킨다.
- 도어 앞에서 탈출을 망설이는 승객은 허리 부분을 밀어 신속히 탈출하도록 한다.

④ 탈출－비상착수

- 슬라이드/래프트(Slide/Raft)가 장착된 기종의 경우 구명정으로 사용할 수 있다.
- 수면이 도어(Door) 문틀과 근접해 있는 경우, 슬라이드/래프트(Slide/ Raft)가 기체와 붙어 있는 상태에서 승객이 탑승한다.
- 승무원까지 탑승하고 Detachment Handle을 잡아 당겨 슬라이드/래프트(Slide/Raft)를 기체와 분리한다. 이때 분리하여도 Mooring Line은 기체와 연결되어 있다.
- 수면이 도어 문틀간의 간격이 많이 멀어져 있는 경우, Detachment Handle을 잡아 당겨 슬라이드/래프트(Slide/Raft)를 기체로부터 분리 한다.
- 경우에 따라 승객들이 직접 물에 입수한 후 슬라이드/래프트(Slide/Raft)에 탑승한다.
- 탑승이 완료되면 도어 담당 승무원들은 Mooring Line을 슬라이드/래프트(Slide/Raft)에 탑재된 나이프(Knife)로 끊고 기체로부터 떨어지기 위해 탑승자들이 팔로 노를 저어 이동한다.
- 래프트(Raft)로 사용할 수 없고 탈출 미끄럽대(Evacuation Slide)로 사용되는 기종의 경우 슬라이드를 기체로부터 분리하여 Floating 용도로 사용할 수 있다. 부상 및 노약자들은 슬라이드 위로 올라가게 하고 나머지 승객들은 물에서 슬라이드 측면에 부착되어 있는 핸들을 잡고 떠 있게 한다.

⑤ 항공기로부터의 탈출

- 모든 승객이 탈출하였는지 기내를 확인한다.
- 비상착륙지가 공항이 아닌 경우, 생존에 필요한 각종 장비를 소지하고 탈출한다(비상착륙지가 공항인 경우, 반출품 없이 탈출한다).

비상탈출 명령어(Evacuation Command)

- 준비된 비상탈출
  - 충격방지자세(Brace)
  - 벨트 풀어(Release seat Belt)
  - 비상탈출(Evacuate)
  - 이쪽으로(Come this way)
  - 저쪽으로(Go that way)
  - 뛰어(Jump)
- 준비되지 않는 비상탈출
  - 발목 잡아(Grab ankle)
  - 머리 숙여(Head down)
  - 자세 낮춰(Stay low)

10

Chapter

준비된 비상탈출 실습(PBL) 1

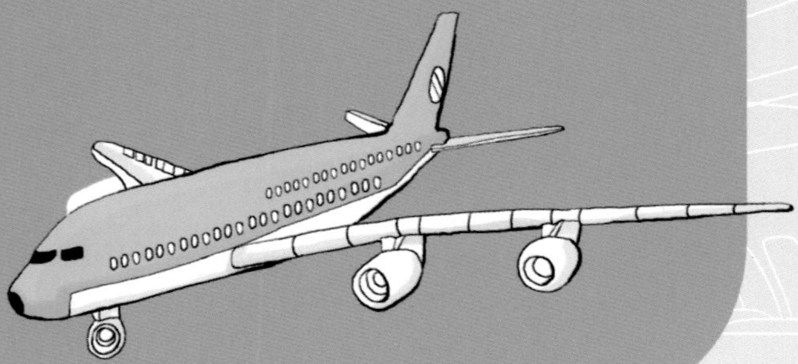

Chapter

10 준비된 비상탈출 실습(PBL) 1

학습목표

1. PBL의 수업 방법에 대해 이해할 수 있다.
2. 프로젝트 주제를 이해할 수 있다.
3. 팀을 구성하고 팀 명, 팀 구호, 팀 룰을 설정할 수 있다.

1절 PBL: 문제기반학습

1. PBL(Problem Based Learning)이란

- 학습자들에게 실제적인 문제를 제시하고, 그 제시된 문제를 해결하기 위해 학습자들 상호 간에 공동으로 문제해결방안을 강구하고, 개별 학습과 협동 학습을 통해 공통의 해결안을 마련하는 일련의 과정에서 학습이 이루어지게 되고, 이와 유사한 상황에 대처할 수 있도록 하는 학습방법이다(Barrows, 1985).
- 문제기반학습은 학습자 중심의 수업 운영 방법이며 자기 주도적 학습 방법

을 의미한다.

- 기내안전 교과목에서는 문제기반학습의 일종인 프로젝트기반학습(Project Based Learning), 팀기반학습(Team Based Learning)의 방법을 활용한다.
- 교과목과 관련된 주제로 프로젝트를 수립하고 프로젝트 수행에 따른 문제제시, 문제해결활동, 팀활동, 발표 및 자기성찰로 이루어지는 단계별 수업으로 진행한다.
- 평가를 포함하여 4~5주간의 수업으로 구성한다.
- 학습자는 PBL 수업을 통해 문제해결능력, 대인관계능력, 의사소통능력, 조직이해능력, 자기관리능력, 자기개발능력 등 직업기초능력을 함양하고, 실무 현장에서 객실승무원의 안전업무를 수행할 수 있는 역량을 갖출 수 있다.

2. PBL 구성하기

(1) PBL 안내 및 팀 구성하기

(2) 프로젝트를 위한 문제 제시 및 목표 설정

(3) 문제 확인 및 팀별 주어진 문제에서 요구하는 학습 내용 추론

- 문제를 해결할 수 있는 구체적인 방법은 무엇인가?
- 문제해결을 위해 이미 알고 있는 사실은 무엇인가?
- 문제해결을 위해 추가적으로 알아야 할 사항은 무엇인가?

(4) 자기주도적 학습의 수행

- 문제해결을 위한 자료 수집

(5) 문제해결 방안 작성

(6) 발표 및 평가

2절 학습 진행(PBL 안내 및 팀 구성하기)

1. 학습 목표

비행 중 발생 가능한 비정상 상황에 대해 준비된 비상탈출 절차를 수립하고, 승객들을 안전하게 탈출시킬 수 있는 실무적인 역량을 갖출 수 있다,

2. 학습 내용: 수업진행 방식

- 객실승무원의 기내 안전 관련 업무의 이해를 바탕으로, 비정상 상황을 예측하여 계획을 수립하고, 실습을 통해 객실승무원의 안전업무에 관한 실무 능력을 익히도록 한다.
- 6~8명으로 팀을 구성하여, "준비된 비상탈출"을 시연한다.
- 교육 환경을 고려하여 "준비된 비상착륙"으로 PBL을 수행한다.
- 성공적인 프로젝트를 완성하기 위해 목표를 설정하고, 계획을 수립, 문제를 해결하여, 실행 후 평가를 실시한다.
- 대학의 LMS를 활용하여 수업진행에 필요한 자료 및 학습자들 상호 간의 의견을 공유한다.

3절 학습 진행

1. 팀(Team) 구성하기

1) 팀 구성은 교수자가 임으로 팀을 구성하는 방법, 학습자들의 제비 뽑기, 자동 팀 짜기 등 학습자들이 합의된 방법으로 팀을 구성한다.

2) 팀 빌딩(Team Building)

   (1) 팀 명을 만든다.

   (2) 팀 구호를 만든다.

   (3) 각 팀은 팀원들의 적극적인 활동을 위하여 팀 룰(rule)을 만들어 팀원들의 협력을 도모한다.

2. 프로젝트 주제 제시 및 목표 설정

1) 프로젝트 주제

   "성공적인 준비된 비상탈출 시연(Role Play)하기"

2) 목표 설정

   (1) 팀별로 소주제를 선정한다.

   예시: OOOOO로 인한 준비된 비상탈출

   (2) 팀별로 목표를 설정한다.

   프로젝트 성공을 위한 목표를 제시하고 실천 세부 계획을 수립한다.

▶ 팀 빌딩(Team Building)

명단	
이름	성격(장/단점)

팀 명(팀 명의 배경 설명)

팀 구호(팀 구호의 의미 설명)

비정상 상황의 설정(구체적으로 자세히 기술)

팀 룰(rule)

▶ **준비된 비상탈출 절차 Review**

운항 브리핑	기장과 객실 사무장 간의 브리핑 실시 (비상사태의 유형, 비상탈출 준비 가능 시간, 비상탈출 신호 내용 및 신호자)
객실 브리핑	사무장과 객실승무원과의 브리핑 (운항 브리핑 전달, 객실 준비 절차 지시)
승객 브리핑	기내방송 실시 승객에게 담당 Zone 객실승무원들의 직접 안내 (비상탈출 관련 안내, 충격방지자세 시범)
협조자 선정 및 브리핑	협조자 선정 및 임무 부여 좌석 재배치
객실 및 갤리 안전 점검	승객 수하물의 적절한 보관 확인 오버헤드빈(Overhead Bin) locking 상태 화장실(Lavatory)의 상태 확인 갤리(Galley) 점검
최종 점검	객실 조명을 DIM으로 조정 기장에게 객실 준비 상태 보고 비상탈출 시 임무 재숙지 전승무원 Jump Seat 착석 비상등(Emergency Light)켜기
충격방지자세	착륙 1분 전 기장 신호에 따라 충격방지자세 실시 샤우팅(Shouting) 실시
항공기 정지	기장의 비상탈출 신호 명령 대기 기장에게 연락이 없는 경우 조종실과의 연락 시도 탈출 결정을 위한 상황 판단
승객 탈출 명령	조종실 비상 신호에 따라 좌석 탈출 유도 협조자에게 외부 상황 확인 후 탈출구 개방 지시
항공기 탈출	외부 상황 확인 슬라이드 모드(Slide Mode) 확인 비상구 열기 비상구로 유도 탈출흐름 통제 잔류 승객 확인 후 승무원 탈출 비상착륙지가 공항이 아닌 경우 반출품 소지 후 탈출

▶ 준비된 비상탈출 절차 기내방송문

손님 여러분, 이 비행기는 앞으로 약_______분 후, 비상착륙하겠습니다.
지금부터 승무원의 지시에 따라 주십시오.

Attention please, we plav to make an emergency landing in ________minutes.
Please follow the directions of our cabin crew

먼저 좌석벨트를 매주시고 좌석 등받이와 테이블은 제자리로 하십시오.
안경이나 볼펜 등 날카로운 물건은 좌석앞 주머니속에 넣으시고 하이힐은 벗으십시오.
충격으로 떨어지거나 굴러다닐 우려가 있는 물건은 머리 위 선박 속에 넣어주십시오.

Return your seat back, to the upright position, close your tray table and fasten youe seat bela tightly.
Put all sharp objects including eye glasses and writing implements into the seat pocket.

착륙 직전 승무원이 "충격방지자세", "Brace" 라고 외치면 보여드리는 충격방지자세를 취하십시오.
충격방지자세는 항공기가 완전히 정지할 때까지 유지하십시오.
승무원들이 "벨트 풀어"라고 외치면 좌석벨트를 풀고 각자 위치에서 가장 가까운 탈출구로 이동하여 탈출하십시오.

When the cabin crew gives command "Brace", bend forward as far as possible just as our cabin crew are now showing you.
Please remain in this position until we come to a complete stop.

기장 또는 객실승무원이 "비상탈출", "Evacuate"이라고 외치면 좌석 벨트를 풀고 승무원의 지시에 따라 탈출하십시오.

When the captain or cabin crew shout "Evacuate" and release the seat belt s and evacuate trough the nearest exit from your seat.

여러분의 좌석에서 가장 가까운 탈출구의 위치를 확인하시고 바닥(좌석 옆)에 있는 비상탈출 유도등을 따라 탈출구로 향하십시오. 이때 모든 소지품은 버리시고 승무원들의 지시에 따라 가장 가까운 탈출 가능한 탈출구로 신속히 이동하십시오.

Please recheck the nearest exit from your seat. Emergency exit path lights installed on the floor(or beside the seats) will lead you to an exit.
When the cabin crew shout "Evacuate" leave your carry-on baggage in your seat and evacuate from the aircraft through the nearest exit.

승객 여러분 중에 항공사 직원이나 군인, 경찰 또는 소방관, 기타 비상탈출 시 승객의 탈출을 승무원과 함께 도와주실 수 있는 분들은 승무원에게 말씀해 주십시오.

Airlines, military, police or fire department personal or volunteer who can help passenger's evacuation, please contact cabin crew.

▶ Performance Plan Sheet

• ( )반 ( ) 팀

• **팀구호:**

편명		출발일시	
운항 구간		기종	
• 비행 정보(비행시간, 탑승객 수, special PAX)			

〈객실승무원 명단 및 담당 업무〉

– 담당 업무는 준비된 비상탈출 절차에 따른 세부 담당 업무를 작성할 모든 승무원이 Door Duty가 있어야 함.

– 실습 편의를 위해 승무원 좌석(JS)은 한 명씩 앉는 좌석으로 설정

승무원	JS	이름	DUTY	담당 업무
승무원 1	L1		사무장	
승무원 2	L3		A/P	
승무원 3	R1			
승무원 4	L2			
승무원 5	R2			
승무원 6	R3			
승무원 7	L4			
승무원 8	R4			

비정상 상황 설정

준비된 비상탈출 절차

〈특이 사항〉

– 협조자 대상 선정

– 탈출 시 도움이 필요로 하는 승객

– 기타 특이 사항

▶ **승객 좌석 배치도(예시): 다른 팀원의 도움을 받아 승객 역할을 할 수 있는 승객 수를 정한 후에 승객을 구성해보자.**

11
Chapter

준비된 비상탈출 실습(PBL) 2

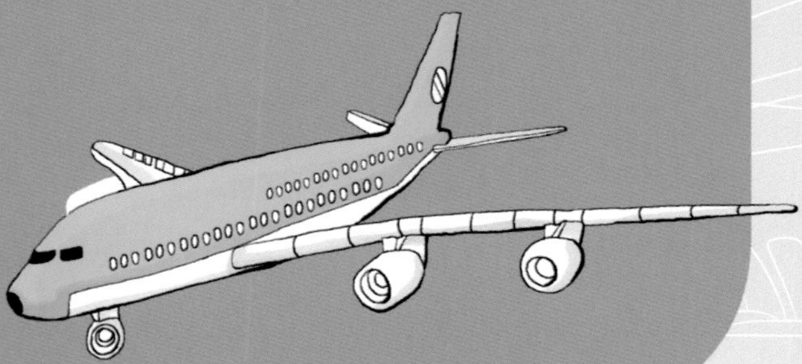

Chapter

11 준비된 비상탈출 실습(PBL) 2

학습목표

1. 퍼포먼스 플랜을 수립할 수 있다.
2. 프로젝트 완성을 위한 자기주도 학습이 이루어질 수 있다.
3. 팀별 세부 계획을 수립할 수 있다.

1. 학습 내용

- 프로젝트 수행을 위한 팀별 계획 수립
- 팀원 활동 계획 수립
- 팀 활동 점검 및 Teamwork을 위한 보완사항 추가 및 점검

2. 학습 진행

도입	이전 차수의 진행된 팀 활동 발표(팀 명, 팀 구호, 비상상황 배경) 향후 학습 예고	
진행	세부 계획 수립 • 자료 수집 및 분석 : 토의, 토론 및 탐색 • 준비된 비상탈출 상황 연구 • 퍼포먼스 플랜 초안 수립 • 수행 과정 연구 – 준비 사항 – PBL 수행에 발생한 문제 해결을 위한 팀 룰 수정 및 방법 연구	퍼포먼스 플랜 시트
검토	팀별 실행계획 완료	

3. 학습 과제

- 팀원별 업무 배정
- 프로젝트 수행을 위한 퍼포먼스 플랜(Performance Plan) 수립
- 과제 및 질의 사항 LMS 업로드

▶ 준비

문제	팀 활동 검토
팀 명	팀 명은 팀의 특징을 잘 나타내고 있는가?
팀 구호	구호는 팀 명을 잘 나타낼 수 있게 표현되었는가?
팀 룰	팀 원들의 의견을 충분히 수렴하였는가? 잘 지켜지지 않는 룰에 대한 문제점을 파악하고 새로운 룰을 정하였는가?
비정상 상황 설정	자료 수집이 충분히 이루어졌는가? (자료 수집 방법, 수집된 자료에 대한 상호 의견이 충분히 이루어졌는가?)
퍼포먼스 플랜	〈항공사 선정 및 비행 구간 선정〉 – 국내외 항공사 중 선정 – 가상의 항공사 선정 – 기종에 따른 비상구의 위치 및 숫자는 파악하였는가? – 객실승무원의 DUTY 선정을 위한 해결 방안은 무엇인가? – 비행 노선의 특성을 반영하여 특이사항을 작성하였는가?

▶ 준비된 비상탈출 절차에 따른 팀원별 준비 업무

프로젝트 수행을 위해 팀원별 Duty에 따른 세부 담당 업무를 정리해 보자.

이름	Duty	세부 업무

▶ **문제 해결 연습(Role Play)**

준비된 비상탈출 절차	문제 해결 활동 (시연을 위한 시나리오 작성 또는 구체적인 활동을 적어보자)
운항 브리핑	
객실 브리핑	
승객 브리핑	
협조자 선정	
좌석 재배치	
갤리 및 객실 조치	
최종 점검	
승무원 착석	
항공기 정지	
항공기 탈출	

12

Chapter

준비된 비상탈출 실습(PBL) 3

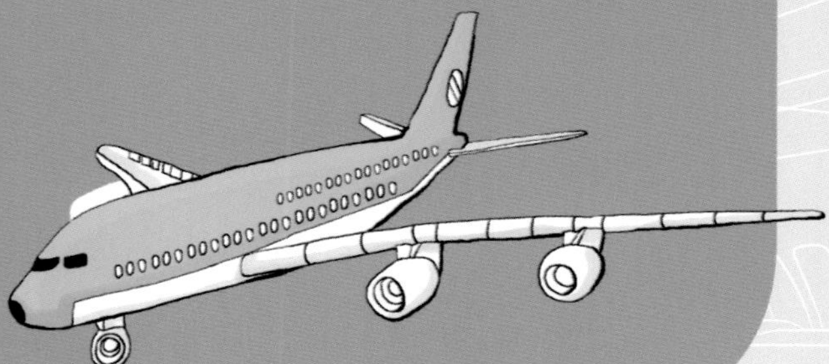

Chapter

12 준비된 비상탈출 실습(PBL) 3

학습목표

1. 프로젝트 실행을 위한 준비과정을 수립할 수 있다.
2. 팀 활동의 문제를 보완하고 해결할 수 있다.
3. 개인 활동의 장점을 활용하고 보완점을 해결할 수 있다.

1. 학습 내용

- 퍼포먼스 플랜 작성 발표(초안)
- 프로젝트 진행 사항 점검 및 보완
- 시연(Role Play)을 위한 준비 사항

2. 학습 진행

도입	퍼포먼스 플랜 수행 점검 안내	준비된 비상탈출 체크리스트
진행	퍼포먼스 플랜 결과물의 초안 발표 및 평가 피드백 사항 분석 팀 활동 보완 다음 주차 PBL 활동 계획	
검토	팀 활동 정리 문제 해결을 위한 자기 성찰 예고 롤 플레이 준비사항 점검	

3. 학습 과제

- 퍼포먼스 플랜 제출(최종)
- 시연(Role Play) 준비
- 질문사항 LMS 업로드

▶ **롤 플레이(Role Play) 준비 사항 점검: 팀 활동**

전체 시연 시간이 15분에서 20분 사이에 종료될 수 있도록 준비

우리 팀의 우수한 점
우리 팀의 보완할 점

▶ **개인 활동**

내가 맡은 Duty에 따른 해야 할 일과 준비할 사항 점검

우수한 점(완료된 사항)
보완할 점(진행해야 할 사항)

▸ 자주 묻는 질문(FAQ)

Q 우리 팀이 선정한 항공기 기종 도어는 10개입니다. 그런데 팀원이 6명인데 나머지 도어는 어떻게 해야 하나요?

A 모형 실습실에서 이루어지기 때문에 주어진 환경에 따라 적용하면 됩니다. 대부분 모형 실습실에 있는 도어의 숫자가 많지 않기 때문에 주어진 환경에 따라 설정하면 됩니다.

Q 모든 팀원이 꼭 Door Duty를 해야 하나요?

A 실제 상황에서는 협조가가 Door Duty를 하는 경우도 있습니다.
하지만 한 팀의 팀원이 많지 않으므로 가급적이면 Door Duty를 하는 것이 바람직해 보입니다.

Q 기내 화재로 인한 비상탈출을 준비했는데요. 기내 화재가 나면 바로 준비된 비상탈출 준비를 해야 하나요?

A 기내에 화재가 발생하면 일단 화재를 진압해야 합니다.
화재 진압 후 기장이 비상착륙을 결정하게 되므로 준비된 비상탈출 절차를 화재 진압 후부터 진행하면 됩니다.
화재 진압 후 비상탈출이기 때문에 비상구를 탈출구로 사용할 수 없는 상황도 설정하면 좋을 것 같습니다.

Q 협조자는 몇 명을 선정해야 하나요?

A 협조자는 비상구를 기준으로 최소한 3명 선정하기 바랍니다.
1명은 기내에서 객실승무원을 도와 승객들의 탈출을 도와주고, 다른 2명은 먼저 탈출해서 탈출하는 승객들이 항공기로부터 멀리 떨어질 수 있게 도와주는 역할을 하면 됩니다.

Q 기내에서 승무원을 도와주는 협조자는 반드시 1명이어야 하나요?

A 아닙니다. 거동이 힘든 승객이 있어서 탈출할 때 협조자가 2명 필요합니다. 설정에 맞게 협조자 수를 조정하시면 됩니다.

Q 협조자는 반드시 항공사 직원, 경찰관, 군인, 소방관 등으로만 설정해야 하나요?

A 우선순위의 협조자가 없다면 팀에서 정한 승객의 구성 중에서 협조자를 선정하면 됩니다. 만약, 운동선수들이 탑승하였다고 설정하였다면 운동선수를 협조자로 선정하면 됩니다.

Q 퍼포먼스 플랜의 세부 업무에 무엇을 적어야 할지 모르겠습니다. 준비된 비상탈출 절차에 따른 업무를 적으라고 하셨는데 구체적으로 알려주기 바랍니다.

A 사무장이 할 일과 객실승무원이 할 일이 나누어져 있습니다.
사무장은 객실 브리핑 및 승객 브리핑 방송을 준비해야 하고 전체적으로 컨트롤해야 합니다.
팀에서 설정한 배경으로 준비된 비상탈출 절차에 따라 자세히 적으시면 됩니다.
승무원의 경우, 승객 브리핑 시 해야 할 일, 협조자에게 전달할 사항 등 마찬가지로 준비된 비상탈출 절차에 따라 해야 할 일을 구체적으로 적기 바랍니다.
설정한 비상상황에 따라 필요한 안전 및 보완 장비 또는 탈출품 중 자신이 챙겨야 할 장비를 적는다거나 해야 할 업무를 상세히 적는다면 시연할 때 도움이 될 것입니다.

Q 항공기가 정지 후 운항승무원과의 연락이 되지 않는 상황을 설정하였습니다. 그러면 탈출 명령은 사무장이 해야 하는 건가요?

A 탈출 명령 순서는 기장, 부기장, 사무장, 선임승무원의 순서입니다만. 위급한 상황일 경우 객실승무원 스스로가 탈출을 결정할 수 있습니다. 팀에서 설정한 상황으로 시연하기 바랍니다.

Q 전체 시연 시간이 15분에서 20분 사이에 종료되어야 한다고 하였는데 각 절차(procedure)별 정해진 시간이 있나요?

A 정해진 시간은 없습니다만, 객실승무원은 비상구가 오픈되면 기내의 승객을 90초 이내에 탈출시킬 수 있어야 합니다.
따라서 비상구 오픈부터 승무원 탈출까지의 시연 시간은 짧게 설정하기 바랍니다.

Q 비상구와 탈출구의 차이는 무엇인가요?

A 비상구가 승객이 탈출하기에 문제가 없으면 탈출구가 되는 겁니다.
비상구의 슬라이드가 팽창되지 않거나 외부 상황으로 탈출을 못 할 경우에는 탈출구의 역할을 못합니다.

13

Chapter

준비된 비상탈출 실습(PBL) 4

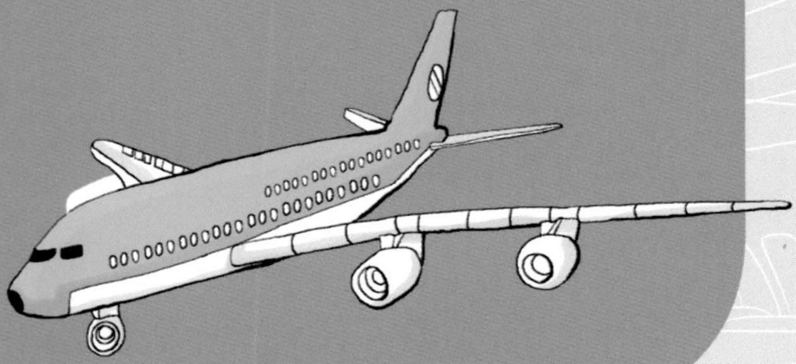

Chapter

13 준비된 비상탈출 실습(PBL) 4

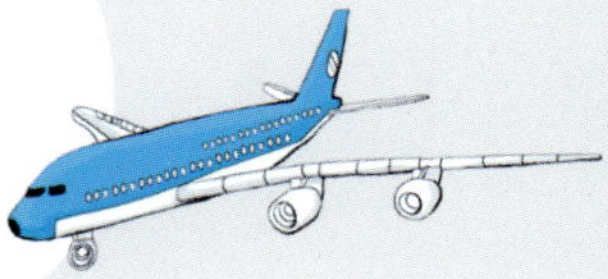

학습목표

1. 평가 전 최종점검을 할 수 있다.
2. 모의 시연 후 발생한 문제점을 해결할 수 있다.
3. 프로젝트 수행에 따른 자기성찰을 할 수 있다.

1. 학습 내용

- 프로젝트 수행 평가 전 최종 점검
- 개인 활동 및 팀 활동에 대한 전체 성찰
- 평가 전 각 팀 테스트(모의) 시연 및 피드백
- 평가 안내

2. 학습 진행

도입	최종 점검 평가 안내	• 시나리오 • 기내방송 • 비상 장비
전개	전체 팀 모의 시연 피드백 정리 최종 검검 리스트 작성	
정리	평가 팀 순서 정하기 자기 성찰 작성	

3. 학습 과제

- 종합 평가
- 성찰 시트 제출
- 질문 사항 LMS 업로드

▶ **최종 점검표**

PROCEDURE	준비사항	수행 점검사항	Role Play
운항 브리핑	☑ 비정상상황 ☑ 운항 브리핑 내용	☑ 비정상상황 ☑ 운항 브리핑내용	
객실 브리핑	☑ 객실브리핑 ☑ 업무 분담	☑ 객실브리핑 ☑ 객실 정보 공유	
승객 브리핑	☑ 기내방송 ☑ 승무원 위치	☑ 기내방송 ☑ 승객 동요 대처	
협조자 선정	☑ 기내방송 ☑ 협조자 인원	☑ 협조자 임무 부여	
좌석 재배치	☑ 협조자 좌석 ☑ 도움이 필요한 승객 좌석	☑ 좌석 이동 ☑ 승객 협조	
갤리 및 객실 조치	☑ 갤리 점검 ☑ 객실 점검	☑ 서비스 아이템 고정 상태 ☑ 승객 협조	
최종 점검	☑ 최종 점검 사항	☑ 사무장에게 보고 ☑ 기장에게 보고	
승무원 착석	☑ JUMP SEAT 착석	☑ 충격방지자세 ☑ 샤우팅	
항공기 정지	☑ 탈출 준비	☑ 기장으로부터 탈출 지시 대기 ☑ 임무 숙지	
항공기 탈출	☑ 외부 상황 확인 ☑ 내부 상황 확인	☑ 도어 오픈 ☑ 승객 탈출	
승무원 탈출	☑ 승무원 탈출	☑ 잔류 승객 확인 ☑ 탈출품 준비	

▶ **성찰 시트**

팀 활동 중 좋았던 점은 무엇인가?	
팀 활동 중 힘들었던 점은 무엇인가?	
팀 활동 중 힘들었던 점을 어떻게 해결하고 극복하였는가?	
프로젝트 수행을 하면서 자신에 대해 새롭게 발견한 점은 무엇인가?	
프로젝트 수행에 대한 전체적인 소감	

▶ **비상 장비 Pre-flight Check List**

장비	점검 내용
객실승무원 Life Vest	정위치 보관 상태
Jump Seat	좌석 상태 벨트 상태
Halon 소화기	정위치 Seal 상태 압력 게이지 표시가 그린 밴드(green band)의 위치에 있는지 확인
H_2O 소화기	정위치 Seal 상태 확인
PBE	정위치 진공상태로 포장되어 있는지 확인 유효기간 확인
석면장갑(Asbestos Gloves)	정위치 한 쌍이 있는지 확인
손도끼(Crash Axe)	정위치 고정상태 확인
메가폰(Megaphone)	정위치 작동 확인 고정상태 확인
휴대용 산소통	정위치 마스크 튜브 보관 상태 게이지가 1,800 PSI 이상인지 확인
Flash Light	정위치 충전표시등(Red Light 깜박거림) 확인
First Aid Kit	정위치 Seal 상태 유효기간 확인
EMK	정위치 Seal 상태 확인
UPK	정위치 Seal 상태
AED	정위치 유효기간 학인 배터리(상태 표시 창을 통해 사용 가능 상태 확인)

▶ **항공 보안단계**

단계	상황
GREEN(평상시)	불법행위 위험이 낮은 일반적인 상황
BLUE(1단계)	불법행위 위험이 생각보다 높은 준 · 경계 상황
YELLOW(2단계)	항공기 납치 및 폭파위험 정보 등으로 항공기 안전운항에 어느 정도 위험이 있다고 판단되는 경계상황
ORANGE(3단계)	테러에 대해 비교적 신빙성 있는 정보가 접수되어 구체적인 방지대책이 필요한 준 비상상황
RED(4단계)	항공기 및 공항시설 등에 대한 테러가 발생하였거나 발생이 임박한 비상상황

참고문헌

1. NCS 학습모듈 기내 안전 관리
2. 대한항공 객실승무원 교범
3. 아시아나 항공 객실승무원 교범
4. 객실승무원 훈련지침, 국토교통부 항공운항과
5. 민소라, 홍성훈(2018). 항공기 구조와 객실안전. 서울: 한올출판사.
6. 박혜정(2020). PBL을 통한 객실업무 종합실습 워크북. 경기: 백산출판사.
7. 심종수(2019). 항공기 객실구조 및 안전장비. 서울: 기문사.
8. 이병선(2013). 항공기 구조 및 비행안전. 경기: 백산출판사.
9. 이종호(2019). 항공기 구조와 시스템. 서울: 새로미.
10. 최현식(2013). 항공기 구조 및 객실 안전 이해. 경기: 백산출판사.

찾아보기

인명

내용

저 / 자 / 소 / 개

■ 김지아

세종대학교 관광경영학 석사

전) 중국동방항공 객실승무원, 승무원 인사부 과장, 승무원 교육부 교관
한국영상대학교 스튜어디스과, 중국항공서비스과 교수
수원과학대학교 항공관광과 겸임교수

현) 여주대학교 항공서비스과 교수

■ 홍윤희

경기대학교 서비스경영대학원 경영학 박사

전) 아시아나 항공 캐빈 매니저
이스타항공 객실 승무 팀장

현) 수원과학대학교 항공관광과 교수

PBL을 활용한
항공기 구조 및 객실안전

1판 1쇄 인쇄 — 2021년 9월 2일
1판 1쇄 발행 — 2021년 9월 6일

저　　자 - 김지아 홍윤희
발 행 인 - 강철원
발 행 처 - 양성원
주　　소 - 경기도 파주시 검산로 173번길 29-20
전　　화 - 031-946-3861(代)
팩　　스 - 031-946-3864
이 메 일 - tnwpub@naver.com
홈페이지 - tnwpub.co.kr
출판등록 - 2015년 8월 31일 제 2015-000211 호

ISBN 979-11-6126-397-7

정가 20,000원